应用型本科系列教材·机械类

金工实习指导

王兴 主编

中国科学技术大学出版社

内 容 简 介

本书是根据教育部新颁布的高等工科院校《金工实习教学基本要求》，结合编者所在应用型本科高校的学生实际能力总结编写而成的。全书分为金工实习基础理论及实践操作两个模块，内容包括常用量具、工程材料常识、金属切削加工基本知识、安全生产、车削、钳工、铣削、焊接、铸造等9章。

本书可作为高等学校及高等职业技术院校机械类、近机械类、非机械类专业的金工实习教材，也可供有关专业工程技术人员参考。

图书在版编目(CIP)数据

金工实习指导/王兴主编.—合肥:中国科学技术大学出版社,2017.4
ISBN 978-7-312-04082-5

Ⅰ.金…　Ⅱ.王…　Ⅲ.金属加工—实习　Ⅳ.TG-45

中国版本图书馆CIP数据核字(2016)第251106号

出版　中国科学技术大学出版社
安徽省合肥市金寨路96号,230026
http://press.ustc.edu.cn
印刷　合肥市宏基印刷有限公司
发行　中国科学技术大学出版社
经销　全国新华书店
开本　787 mm×1092 mm　1/16
印张　9.75
字数　267千
版次　2017年4月第1版
印次　2017年4月第1次印刷
定价　25.00元

前　　言

金工实习又叫金属加工工艺实习，是一门实践基础课，是机械类各专业学生学习工程材料及机械制造基础等课程必不可少的前置选修课，是非机械类有关专业教学计划中重要的实践教学环节。内容包括车工、铣工、电焊、特殊加工（线切割、激光加工）、数控车、数控铣、钳工和砂型铸造等。它对于培养学生的实践操作能力有很大的意义，而且可以使学生了解传统的机械制造工艺和现代机械制造技术。

"实习条件是实现教学目标的保障。"安徽三联学院工程训练中心是立足于安徽三联学院"厚德博学，砺能树人"的应用型、复合型人才的教育定位，围绕学校的总体发展而建设的。中心建设以科学发展观为指导，以社会发展为向导，坚持科学建设与实验室建设相结合，以能力、技能、素质的提高为核心，兼顾科研与创新。

工程训练中心于2013年底建成，占地700 m^2，有两个实习车间。可以开设的实训项目有车工、铣工、钳工、焊工、砂型铸造、数控车工、数控铣工、特种加工、Pro/E设计与制造以及CAD/CAM一体化制造等，为培养具有较强分析能力、实践能力、创新能力的高素质应用型人才提供了保障。

本书获2014年安徽三联学院质量工程项目"应用型本科教材开发(14zlgc037)"资助。

本书由王兴担任主编，吴明明任副主编，本书编写人员如下：安徽三联学院王兴编写第一章、第二章、第三章和附录，吴明明编写第四章、第五章，张芹编写第六章，王建国编写第七章，牛海侠编写第八章，周金霞编写第九章。

本书的编写得到了安徽三联学院吕新生教授、张余贵工程师、陈祥林高级车工、周运掌高级铣工、陈言贵高级铸工、陈兆君高级钳工以及安徽国业工程设计咨询有限公司王大业高级工程师提出的宝贵意见，同时还得到了安徽科技学院张春雨副教授及安徽科技学院工程训练中心的热忱帮助，在此一并表示衷心感谢。

本书为安徽三联学院应用型本科校本教材，也可供其他相关专业学生学习参考。由于编者水平有限，时间仓促，书中难免有疏漏和欠妥之处，敬请各位读者批评指正，以便修正完善。

编　者

2017年2月

目　　录

前言…………………………………………………………………………………（ⅰ）

上篇　基础理论

第一章　常用量具……………………………………………………………………（3）
一、计量单位…………………………………………………………………………（3）
二、长度量具…………………………………………………………………………（3）
三、角度量具…………………………………………………………………………（8）
四、量具的保养………………………………………………………………………（10）
练一练…………………………………………………………………………………（10）

第二章　工程材料常识………………………………………………………………（11）
一、工程材料概述……………………………………………………………………（11）
二、金属材料…………………………………………………………………………（12）
三、非金属材料………………………………………………………………………（15）
四、复合材料…………………………………………………………………………（17）
练一练…………………………………………………………………………………（18）

第三章　金属切削加工基本知识……………………………………………………（21）
一、金属切削加工的概念……………………………………………………………（21）
二、机械加工零件的技术要求………………………………………………………（23）
练一练…………………………………………………………………………………（25）

第四章　安全生产……………………………………………………………………（27）
一、车工安全技术……………………………………………………………………（27）
二、铣工安全技术……………………………………………………………………（28）
三、焊工安全技术……………………………………………………………………（28）
四、钳工安全技术……………………………………………………………………（28）
五、铸造工安全技术…………………………………………………………………（29）
练一练…………………………………………………………………………………（30）

下篇　实践操作

第五章　车削…………………………………………………………………………（33）
一、车削概述…………………………………………………………………………（33）
二、工件的安装及车床附件…………………………………………………………（37）

三、车刀 …… (41)
四、车床操作要点 …… (43)
五、车削工艺 …… (45)
练一练 …… (52)

第六章　钳工 …… (54)
一、钳工概述 …… (54)
二、划线、锯削和锉削 …… (56)
三、钻孔、扩孔和铰孔 …… (63)
四、攻螺纹和套螺纹 …… (67)
练一练 …… (70)

第七章　铣削 …… (73)
一、铣削概述 …… (74)
二、工件的安装及铣床附件 …… (77)
三、铣刀 …… (81)
四、铣削工艺 …… (83)
练一练 …… (87)

第八章　焊接 …… (89)
一、手工电弧焊 …… (89)
二、其他焊接方法 …… (96)
三、焊接缺陷及质量检验 …… (101)
练一练 …… (103)

第九章　铸造 …… (109)
一、铸造概述 …… (109)
二、造型 …… (112)
三、浇注工艺 …… (122)
四、铸造缺陷分析 …… (123)
五、现代铸造技术及其发展方向 …… (125)
练一练 …… (126)

附录一　综合练习(手锤制作) …… (130)

附录二　金工实习报告 …… (136)
实习一　车工 …… (138)
实习二　铣工 …… (140)
实习三　钳工 …… (142)
实习四　焊工 …… (144)
实习五　砂型铸造 …… (146)
实习六　金工实习综合分析 …… (147)

附录三　金工实习守则 …… (148)

参考文献 …… (149)

上篇

基础理论

第一章　常 用 量 具

为保证质量，机器中的每个零件都必须根据图样制造。零件是否符合图样要求，只有经过测量工具检验才能知道，这些用于测量的工具称为量具。常用的量具有钢直尺、卡钳、游标卡尺、游标角度尺、千分尺、百分表、90°角尺等。

一、计量单位

为了保证测量的准确性，首先需要建立国际统一、稳定可靠的长度基准。机械制造中常采用的长度计量单位为毫米（mm）。在精密测量中，长度计量单位采用微米（μm）（1 μm = 10^{-3} mm）。在实际工作中，有时会遇到英制长度单位，其常以英寸（in）作为基本单位，它与法定计量单位的换算关系是 1 in = 25.4 mm。

机械制造中常用的角度单位为 rad，μrad 和（°）、（′）、（″）。

1 μrad = 10^{-6} rad；1° = 0.0174533 rad。（°）、（′）、（″）的关系采用 60 进位制，即 1° = 60′，1′ = 60″。

二、长度量具

（一）钢直尺

钢直尺的长度规格有 150 mm，300 mm，1 000 mm 三种，如图 1.1 所示。钢直尺结构简单，价格低廉，常用来测量毛坯和精度要求不高的零件。

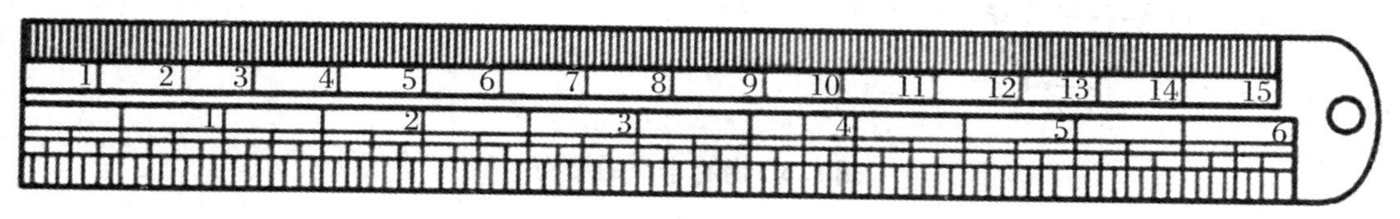

图 1.1　钢直尺

使用钢直尺时，应以工件端边作为测量基准，这样不仅便于找正测量基准，而且便于读数。用钢直尺测量柱形工件的直径时，先将尺的端边或某一刻线紧贴住被测件的一边，并来回摆动另一端，所获得的最大读数值，即是所测直径的尺寸。

（二）卡钳

卡钳是一种间接量具，其本身没有分度，所以要与其他有分度的量具配合使用。卡钳根据用途可分为外卡钳和内卡钳两种，前者用于测量外尺寸，后者用于测量内尺寸，如图 1.2 所示。卡钳常用于测量精度不高的工件。如果操作正确，测量精度可达 0.02～0.05 mm。

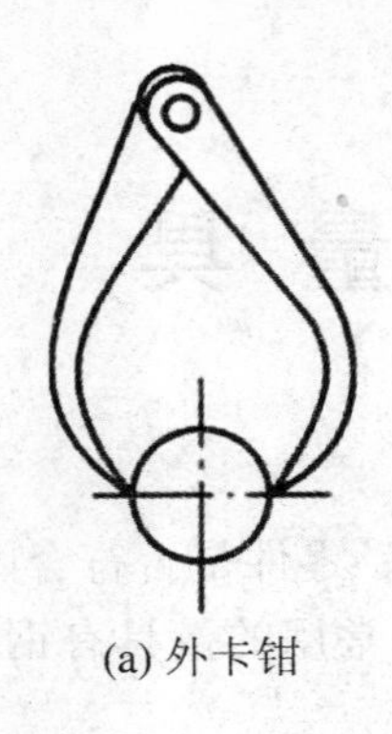

(a) 外卡钳

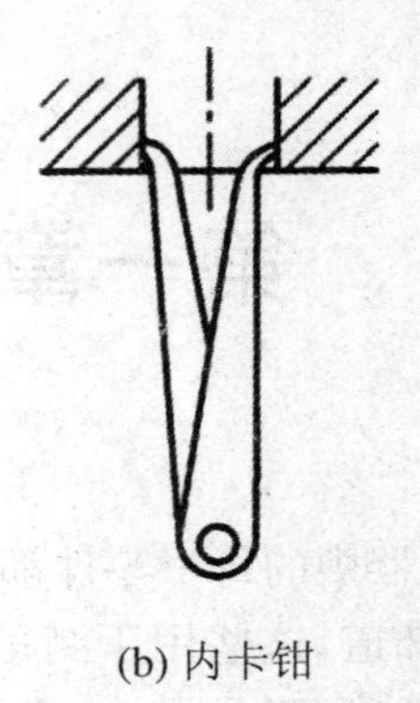

(b) 内卡钳

图 1.2 外、内卡钳

(三) 游标卡尺

游标卡尺是机械加工中广泛使用的一种量具。它可以直接测量出工件的内径、外径、中心距、宽度、长度和深度等。游标卡尺的测量精度有 0.1 mm，0.05 mm 和 0.02 mm 三种，测量范围有 0～125 mm，0～200 mm，0～500 mm 等。

1. 游标卡尺的分度原理

游标卡尺由尺身、游标、尺框所组成，如图 1.3 所示。按游标读数值的不同，分为 0.1 mm (1/10)，0.05 mm(1/20)和 0.02 mm(1/50)三种规格。这 3 种游标卡尺的尺身是相同的，尺身分度每小格为 1 mm，每大格为 10 mm，只是游标与尺身刻线宽度相对应的关系不同。

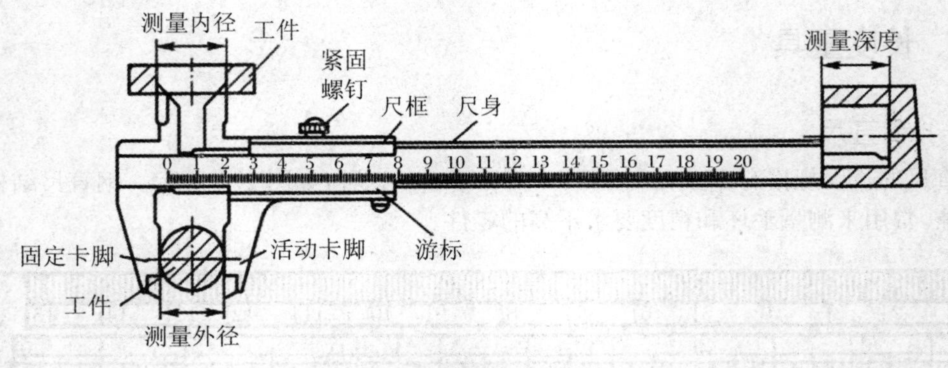

图 1.3 游标卡尺的结构

下面以 0.02 mm 游标卡尺为例来说明其分度原理。游标卡尺的尺身每格刻线宽度为 1 mm，使尺身上 49 格刻线的宽度与游标上 50 格刻线的宽度相等，则游标的每格刻线宽度为 49/50 = 0.98(mm)，尺身和游标的刻线间距之差(即每小格的差值)为 1.00 − 0.98 = 0.02 (mm)。这个差值就是 0.02 mm 游标卡尺的分度值。0.02 mm 游标卡尺的分度原理如图 1.4 所示。

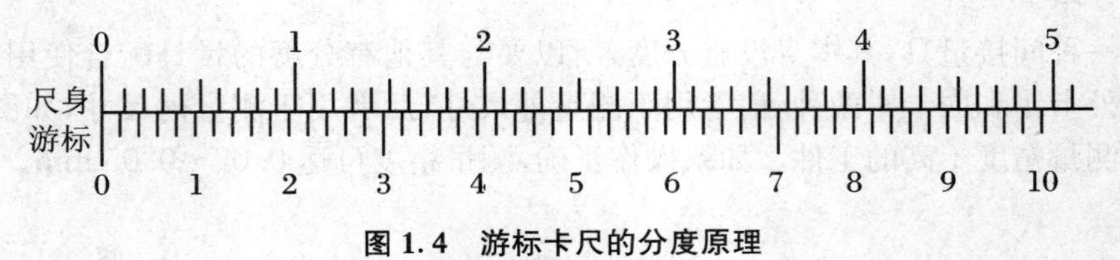

图 1.4 游标卡尺的分度原理

与上述分度原理相同，0.05 mm 游标卡尺是使尺身上的 19 格刻线的宽度与游标上 20 格刻线的宽度相等，则游标的每格刻线宽度为 19/20 = 0.95(mm)，尺身和游标的刻线间之差为 1.00 − 0.95 = 0.05(mm)。这个差值就是 0.05 mm 游标卡尺的分度值。

2．游标卡尺的读数方法

使用游标卡尺测量工件，读数可分为下面 3 个步骤(以 0.02 mm 游标卡尺为例)。

(1) 读整数

读出游标零线左边最近的尺身分度值，该数值就是被测件的整数值。

(2) 读小数

找出与尺身刻线对准的游标刻线，将游标格数乘以游标分度值 0.02 所得的值，即为被测件的小数值。

(3) 整个读数

把上面(1)和(2)两次读数值相加，就得被测工件的整个读数值。

如图 1.5 所示，示例读数为

$$23 + 10 \times 0.02 = 23.20(\text{mm})$$

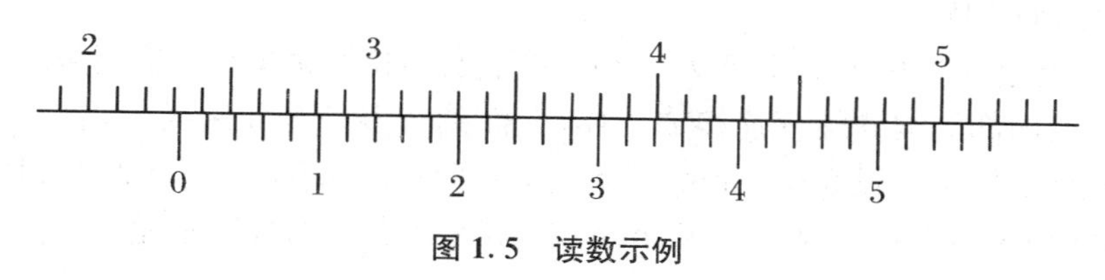

图 1.5 读数示例

3．游标卡尺的使用方法

首先应根据所测工件的部位和尺寸精度，正确合理选择卡尺的种类和规格。测量工件时，应使量爪逐渐靠近工件并轻微接触，同时注意不要歪斜，以免读数产生误差，如图 1.6 所示。

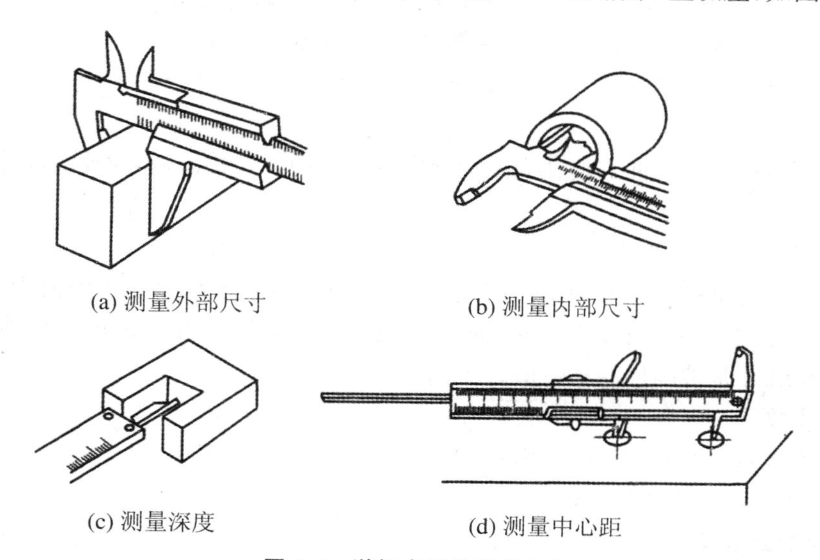

(a) 测量外部尺寸　(b) 测量内部尺寸

(c) 测量深度　(d) 测量中心距

图 1.6 游标卡尺的使用方法

(四) 千分尺

千分尺是一种精密量具。生产中常用的千分尺的测量精度为 0.01 mm。它的精度比游标卡尺高，并且比较灵敏。因此，对于加工精度要求较高的零件尺寸，要用千分尺来测量。千分尺的种类很多，有外径千分尺、内径千分尺、深度千分尺等，其中以外径千分尺应用最为普遍，外径千分尺的结构如图 1.7 所示。

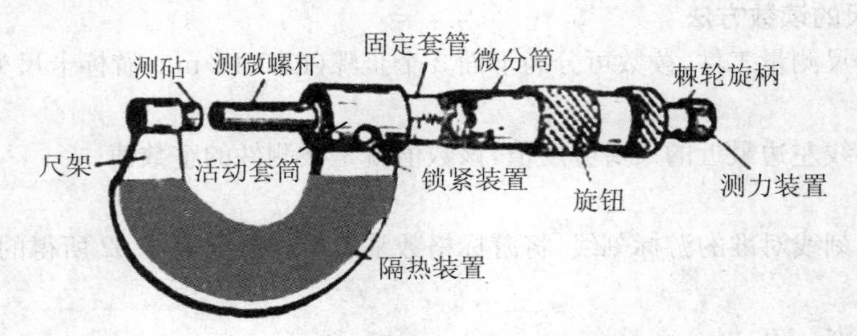

图 1.7 外径千分尺的结构

外径千分尺按其测量范围划分，可分为 0～25 mm，25～50 mm，50～75 mm，75～100 mm 等多种规格。

1. 千分尺的分度原理

外径千分尺是利用螺旋传动原理，将角位移变成直线位移来进行长度测量的。如图 1.7 所示，活动套筒与其内部的测微螺杆连接成一体，上面刻有多条等分刻线，当活动套筒旋转一周时，由于测微螺杆的螺距一般为 0.5 mm，因此它就轴向移动 0.5 mm。当活动套筒转过一格时，测微螺杆轴向移动距离为 0.5/50＝0.01(mm)，这就是千分尺的分度原理。

2. 千分尺的读数方法

千分尺的读数机构由固定套筒和活动套筒组成。固定套筒上的纵向刻线是活动套筒读数值的基准线，而活动套筒锥面的端面是固定套筒读数值的指示线。

固定套筒纵刻线的两侧各有一排均匀刻线，刻线的间距都是 1 mm，且相互错开 0.5 mm，标出数字的一侧表示毫米整数，未标数字的一侧即为 0.5 mm 数。

用千分尺进行测量时，其读数可分为以下三个步骤。

(1) 读整数

读出活动套筒锥面的端面左边在固定套筒中露出来的刻线数值，即为被测件的毫米整数或 0.5 mm 数。

(2) 读小数

找出与基准线对准的活动套筒上的刻线数值，如果此时整数部分的读数值为毫米整数，那么该刻线数值就是被测件的小数值；如果此时整数部分的读数值为 0.5 mm 数，则该刻线数值还要加上 0.5 mm 才是被测件的小数值。

(3) 整个读数

将上面两次读数值相加，就是被测件的整个读数值。

千分尺的读数示例如图 1.8 所示。

3. 千分尺的正确使用

使用前，要检查千分尺的各部分是否灵活可靠，对零是否正确，例如，活动套筒的转动是否灵活，测微螺杆的移动是否平稳，锁紧装置的作用是否可靠等。还要把工件的测量表面擦干净，以免污物影响测量精度。测量时，要使测微螺杆轴线与工件的被测尺寸方向一致，不要倾斜。转动活动套筒，当测量面将与工件表面接触时，改为转动棘轮(测力装置)，直到棘轮发出“咔咔”

的响声后，方能进行读数。最好在被测件上直接读数。如果必须取下千分尺读数，应使用锁紧装置把测微螺杆锁住，再轻轻滑出千分尺。

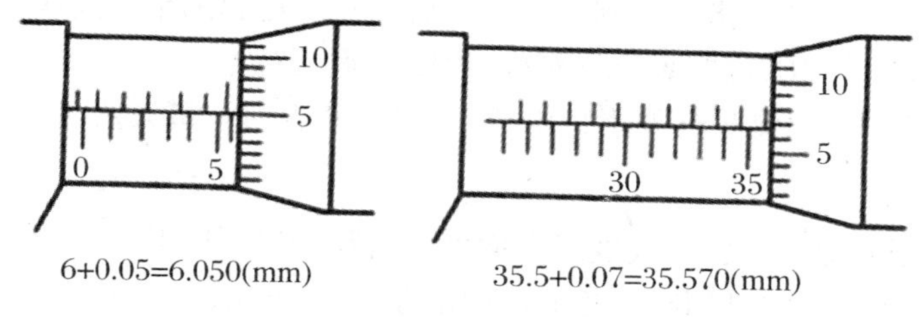

图 1.8　千分尺的读数

（五）百分表

百分表是精密量具，主要用于校正工件的安装位置，检验零件的形状、位置误差以及测量零件的内径等。常用的百分表测量精度为 0.01 mm。

1．百分表的读数方法

图 1.9 所示的百分表刻度盘上刻有 100 个等分格，大指针每转动一格，相当于测量杆移动 0.01 mm。当大指针转一圈时，小指针转动一格，相当于测量杆移动 1 mm。用手转动表壳时，刻度盘也跟着转动，可使大指针对准刻度盘上的任一刻度。

百分表的读数方法为：先读小指针转过的刻度数（毫米整数），再读大指针转过的刻度数（小数部分），并乘以 0.01，然后两者相加，即得到所测量的数值。

2．百分表的使用注意事项

① 使用前，应检查测量杆活动的灵活性。即轻轻推动测量杆时，测量杆在套筒内的移动要灵活，没有任何卡滞现象，且每次手松开后，指针能回到原来的刻度位置。

② 使用时，必须把百分表固定在可靠的夹持架（表架）上，如图 1.10 所示。切不可随便夹在不稳固的地方，否则容易造成测量结果不准确，或摔坏百分表。

③ 测量平面时，百分表的测量杆要与平面垂直，测量圆柱形工件时，测量杆要与工件的中心线垂直，否则将使测量杆活动不灵或测量结果不准确。

④ 测量时，不要使测量杆的行程超过它的测量范围，不要使表头突然撞到工件上，也不要用百分表测量表面粗糙或明显凹凸不平的工件。

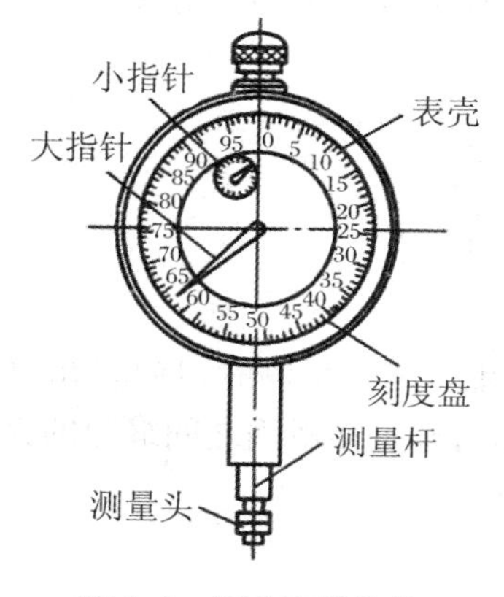

图 1.9　百分表的结构

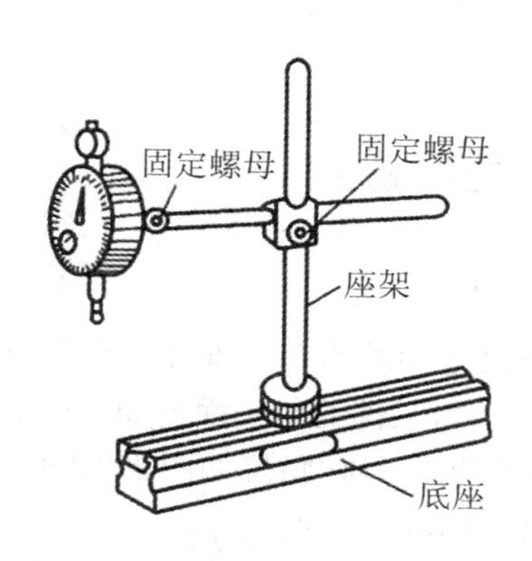

图 1.10　百分表的固定

⑤ 为方便读数，一般在测量前都将大指针指到刻度盘的零位。对零位的方法是：先将测量头与测量面接触，并使大指针转过一圈左右(目的是在测量中既能读出正数也能读出负数)，然后把表夹紧，并转动表壳，使大指针指到零位。然后再轻轻提起测量杆几次，检查放松后大指针的零位有无变化。如无变化，说明零位已对好，否则要重新对零。

⑥ 百分表不用时，应使测量杆处于自由状态，以免使表内弹簧失效。

(六) 刀口形直尺

刀口形直尺是用光隙法检验直线度或平面度的直尺，其形状如图 1.11 所示。

刀口形直尺的规格用刀口长度表示，常用的有 75 mm、125 mm、175 mm、225 mm 和 300 mm 等。检验时，将刀口形直尺的刀口与被检平面接触，并在尺后面放一个光源，然后从尺的侧面观察被检平面与刀口之间的漏光大小并判断误差情况，如图 1.11 所示。

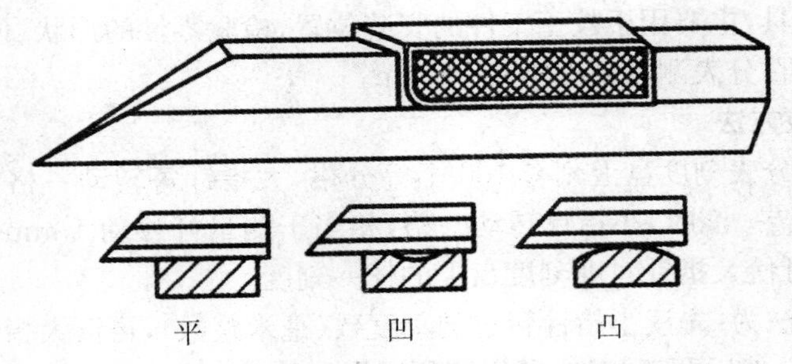

图 1.11 刀口形直尺及其应用

(七) 塞尺

塞尺是用来检查两个贴合面之间间隙的薄片量尺。如图 1.12 所示，它由一组薄钢片组成，每片的厚度从 0.01 mm 到 0.08 mm 不等。测量时用塞尺直接塞进间隙，当一片或数片刚好能塞进两个贴合面之间时，则该片或数片的厚度(可由每片片身上的标记读出)，即为这两个贴合面的间隙值。

使用塞尺测量时选用的薄片越小越好，而且必须先擦净尺面和工件，测量时不能使劲硬塞，以免尺片弯曲或折断。

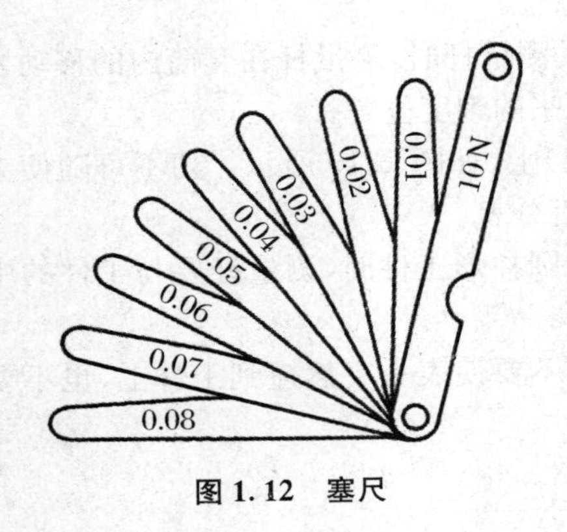

图 1.12 塞尺

三、角度量具

(一) 90°角尺

90°角尺是检验直角用非刻线量尺，用于检查工件的垂直度。检测时，将 90°角尺的一边与工件一面贴紧，工件的另一面与 90°角尺的另一边相接触，可根据接触面之间缝隙的大小来判断角度的误差情况。90°角尺如图 1.13 所示。

(二) 游标万能角度尺

游标万能角度尺是用游标读数，可测任意角度的量尺，一般用来测量零件的内外角度，它的构造如图 1.14 所示。

游标万能角度尺的读数机构是根据游标原理制成的。以分度值为 2′的游标万能角度尺为例，其主尺分度线每格为 1°，而游标刻线每格为 58′，即主尺 1 格与游标 1 格的差为 2′，它的读数方法与游标卡尺完全相同。

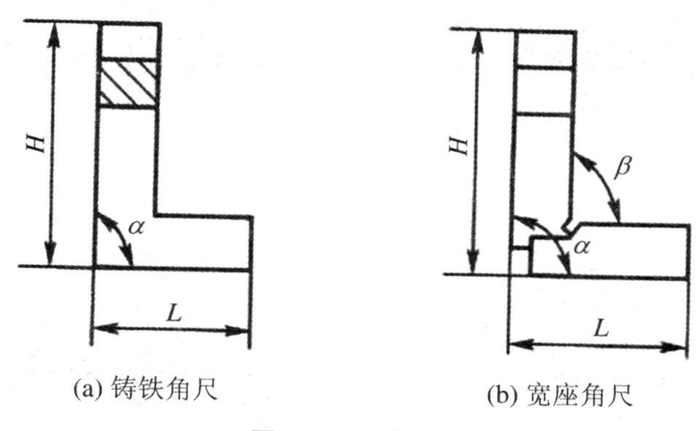

图 1.13　90°角尺

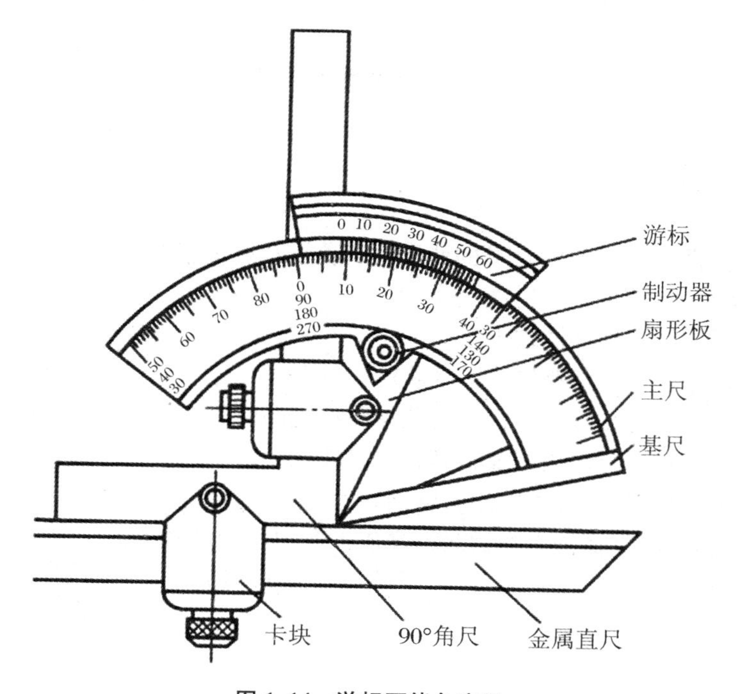

图 1.14　游标万能角度尺

测量时应先校对零位，当角尺与直尺均安装好，且 90°角尺的底边及基尺均与直尺无间隙接触，主尺与游标的“0”线对准时即调好了零位。使用时通过改变基尺、角尺、直尺的相互位置，可测量游标万能角度尺测量范围内的任意角度。用游标万能角度尺测量工件时，应根据所测范围组合量尺。游标万能角度尺应用示例如图 1.15 所示。

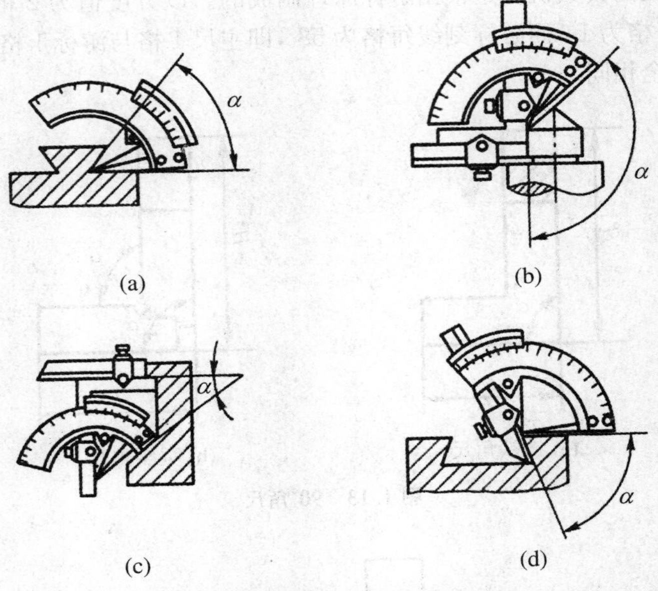

图 1.15 游标万能角度尺应用示例

四、量具的保养

量具保养的好坏，会直接影响量具的使用寿命长短和测量精度高低。对量具的保养必须做到以下几点：

① 使用前必须用绒布将其擦拭干净。

② 不能用精密量具去测量粗糙或运动着的工件。

③ 测量时不能用力过猛、过大，也不能测量温度过高的工件。

④ 不能把量具乱扔、乱放，更不能将其当工具使用。

⑤ 不能用脏油清洗量具，更不能注入脏油。

⑥ 量具使用完，应将其擦洗干净后涂油并放入专用的量具盒内。

练一练

① 请使用游标卡尺测量签字笔的外径，并读数。

② 请使用游标卡尺测量水杯盖的内径，并读数。

③ 请使用游标卡尺测量铣床工作台定位槽的深度，并读数。

④ 请使用外径千分尺测量刀口直尺的厚度，并读数。

⑤ 请使用游标万能角度尺测量车床导轨燕尾槽的角度。

⑥ 请使用塞尺测量车床主轴与卡盘的间隙值。

第二章　工程材料常识

一、工程材料概述

翻开人类进化史，不难发现，材料的开发、使用和完善贯穿其始终。从天然材料的使用到陶器和青铜器的制造，从钢铁冶炼到材料合成，人类成功地生产出许多满足自身需求的材料，进而走出深山、洞穴，奔向茫茫平原和辽阔海洋，飞向广袤的太空。

人类社会的发展历史证明，材料是人类生产与生活的物质基础，是社会进步与发展的前提。当今社会，材料、信息和能源技术已构成人类现代社会大厦的三大支柱，并且能源和信息的发展都离不开材料，所以世界各国都把研究、开发新材料放在突出的地位上。

材料是人类社会可接受的、能经济地制造有用器件(或物品)的固体物质。工程材料是指在各个工程领域中使用的材料。工程上使用的材料种类繁多，有许多不同的分类方法。按化学成分、结合键的特点，可将工程材料分为金属材料、非金属材料和复合材料三大类，见表2.1。

表2.1　工程材料的分类举例

金属材料		非金属材料			复合材料
黑色金属材料	有色金属材料	无机非金属材料	有机高分子材料		
碳素钢、合金钢、铸铁等	铝、镁、铜、锌及其合金等	水泥、陶瓷、玻璃等	合成高分子材料(塑料、合成纤维、合成橡胶等)	天然高分子材料(木材、纸、纤维、皮革等)	金属基复合材料、塑料基复合材料、橡胶基复合材料、陶瓷基复合材料等

金属材料可分为黑色金属材料和有色金属材料。黑色金属材料主要指铁、锰、铬及其合金，包括碳素钢、合金钢(锰钢、铬钢等)、铸铁等；有色金属材料包括轻金属及其合金、重金属及其合金等。非金属材料可分为无机非金属材料和有机高分子材料。无机非金属材料包括水泥、陶瓷、玻璃等；有机高分子材料包括塑料、橡胶及合成纤维等。上述两种或两种以上材料经人工合成后，获得的优于单个组成材料特性的材料称为复合材料。

工程材料按照用途可分为两大类，即结构材料和功能材料。结构材料通常指工程上对硬度、强度、塑性及耐磨性等力学性能有一定要求的材料，主要包括金属材料、陶瓷材料、高分子材料及复合材料等。功能材料是指具有光、电、磁、热、声等功能和效应的材料，包括半导体材料、磁性材料、光学材料、电解质材料、超导体材料、非晶和微晶材料、形状记忆合金等。

工程材料按照应用领域不同，又可分为信息材料、能源材料、建筑材料、生物材料和航空材料等。

二、金属材料

金属材料是人们最为熟悉的一种材料，机械制造、交通运输、建筑、航天航空、国防与科学技术等各个领域都需要使用大量的金属材料，因此，金属材料在现代工农业生产中占有极其重要的地位。

金属材料是全部由金属元素或以某金属元素为主、其他金属或非金属元素为辅构成的，并具有金属特性的工程材料。金属材料的品种繁多，工程上常用的金属材料主要有黑色及有色金属材料等。

黑色金属材料中使用最多的是钢铁，钢铁是世界上的头等主要的金属材料，年产量高达数亿吨。钢铁材料广泛应用于工农业生产及国民经济各部门。例如，各种机器设备上大量使用的轴、齿轮、弹簧，建筑上使用的钢筋、钢板以及交通运输中的车辆、铁轨、船舶等都要使用钢铁材料。通常所说的钢铁是钢与铁的总称。实际上钢铁材料是以铁为基体的铁碳合金，当碳的质量分数大于2.11%时称为铁，当碳的质量分数小于2.11%时称为钢。

为了改善钢的性能，人们常在钢中加入硅、锰、铬、镍、钨、钼及钒等合金元素，它们各有各的作用，有的能提高强度，有的能提高耐磨性，有的能提高抗腐蚀性能，等等。在冶炼时有目的地向钢中加入合金元素就形成了合金钢。合金钢中合金元素含量虽然不多，但具有特殊的作用，就像炒菜时放入少量的味精一样，量不多但可以使味道鲜美。合金钢种类很多，按照性能与用途不同，可分为合金结构钢、合金工具钢、不锈钢、耐热钢、超高强度钢等。

人们可以按照生产实际提出的使用要求，加入不同的合金元素设计出不同的钢种。例如，切削工具要求硬度及耐磨性较高，在切削速度较快、温度升高时其硬度不降低，按照这样的使用要求，人们就设计了一种称为高速工具钢的刀具材料，其中含有钨、钼、铬等合金元素。又如，普通钢容易生锈，化工设备及船舶壳体等的损坏都与腐蚀有关，据不完全统计，全世界因腐蚀而损坏的金属构件约占其产量的10%。人们经过大量试验发现，在钢中加入13%的铬元素后，钢的抗蚀性得到了显著提高；如果在钢中同时加入铬和镍，还可以形成具有新的显微组织的不锈钢，于是人们设计出了一种能够抵抗腐蚀的不锈钢。

有色金属包括铝、铜、钛、镁、锌、铅及其合金等，虽然它们的产量及使用量不如钢铁材料多，但由于具有某些独特的性能和优点，故也是当代工业生产中不可缺少的材料。

由于金属材料的历史悠久，因而在材料的研究、制备、加工以及使用等方面已经形成了一套完整的系统，拥有了一整套成熟的生产技术和巨大的生产能力。金属材料在长期使用过程中经受了各种环境的考验，具有稳定可靠的质量以及其他任何材料都不能完全替代的优越性能。金属材料的另一个突出优点是性价比高，在所有的材料中，除了水泥和木材外，钢铁是最便宜的材料，它的使用可谓量大面广。由于金属材料具有成熟稳定的工艺，与其相适应的现代化制造工艺装备以及高性价比，因而具有强大的生命力，在国民经济中占有极其重要的位置。

此外，为了适应科学技术的高速发展，人们还在不断推陈出新，进一步发展新型的、高性能的金属材料，如超高强度钢、高温合金、形状记忆合金、高性能磁性材料以及储氢合金等。

（一）碳素钢

碳素钢是指碳的质量分数小于2.11%并含有少量硅、锰、硫、磷等杂质元素的铁碳合金，简称碳钢。其中硅、锰是有益元素，对钢有一定强化作用；硫、磷是有害元素，分别增加钢的热脆性和冷脆性，应严格控制。碳钢的价格低廉、工艺性能良好，在机械制造中应用广泛。常用碳钢的牌号、应用及说明见表 2.2。

表 2.2　常用碳钢的牌号、应用及说明

名　称	牌　号	应　用	说　明
碳素结构钢	Q215A 级	承受载荷不大的金属结构件，如薄板、铆钉、垫圈、地脚螺栓及焊接件等	碳素钢的牌号由屈服强度的汉语拼音第一个字母 Q、屈服强度值（MPa）、质量等级符号、脱氧方法四部分组成。其中质量等级共分四级，分别以 A、B、C、D 表示，从 A 级到 D 级，钢中的有害元素硫、磷含量依次减少
	Q235A 级	金属结构件、钢板、钢筋、型钢、螺母、连杆、拉杆等，Q235C 级、Q235D 级可用作重要的焊接结构	
优质碳素结构钢	15	强度低、塑性好，一般用于制造受力不大的压制件，如螺栓、螺母、垫圈等。经过渗碳处理或氰化处理可用作表面要求耐磨、耐腐蚀的机械零件，如凸轮、滑块等	牌号的两位数字表示平均碳的质量分数的万分数，45 钢即表示平均碳的质量分数为 0.45%。含锰量较高的钢，须加注化学元素符号 Mn
	45	综合力学性能和切削加工性能均较好，用于强度要求较高的重要零件，如曲轴、传动轴、齿轮、连杆等	
铸造碳钢	ZG200-400	有良好的塑性、韧性和焊接性能，用于受力不大、要求韧性好的各种机械零件，如机座、变速箱壳等	ZG 代表铸钢。其后面第一组数字为屈服强度（MPa）；第二组数字为抗拉强度（MPa）。ZG200-400 表示屈服强度为 200 MPa、抗拉强度为 400 MPa 的碳素铸钢

（二）合金钢

为了改善和提高钢的性能，在碳钢的基础上加入其他合金元素的钢称为合金钢。常用的合金元素有硅、锰、铬、镍、钨、钼、钒以及稀土元素等。合金钢具有耐低温、耐腐蚀、高磁性、高耐磨性等特殊性能，它在工具或力学性能、工艺性能要求高的，形状复杂的大截面零件或有特殊性能要求的零件方面，得到了广泛应用。常用合金钢的牌号、性能及用途见表 2.3。

表 2.3　常用合金钢的牌号、性能及用途

种　类	牌　号	性能及用途
普通低合金结构钢	Q295（09Mn2，12Mn），Q345（16Mn，10MnSiCu，18Nb），Q390（15MnTi，16MnNb），Q420（15MnVN，14MnVTiRE）	强度较高，塑性良好，具有焊接性和耐蚀性，用于建造桥梁、车辆、船舶、锅炉、高压容器、电视塔等
渗碳钢	20CrMnTi，20Mn2V，20Mn2TiB	芯部的强度较高，用于制造重要的或承受重载荷的大型渗碳零件
调质钢	40Cr，40Mn2，30CrMo，40CrMnSi	具有良好的综合力学性能（高的强度和足够的韧性），用于制造一些复杂的重要机器零件
弹簧钢	65Mn，60Si2Mn，60Si2CrVA	淬透性较好，热处理后组织可得到强化，用于制造承受重载荷的弹簧
滚动轴承钢	GCr4，GCr15，GCr15SiMn	用于制造滚动轴承的滚珠、套圈

注：括号内为旧标准牌号。

(三) 铸铁

碳的质量分数大于2.11%的铁碳合金称为铸铁。由于铸铁含有的碳和杂质较多,其力学性能比钢差,不能锻造。但铸铁具有优良的铸造性、减振性及耐磨性等特点,加之价格低廉,生产设备和工艺简单,故是机械制造中应用最多的金属材料。据资料表明,铸铁件占机器总质量的45%~90%。常用铸铁的牌号、应用及说明见表2.4。

表2.4 常用铸铁的牌号、应用及说明

名称	牌号	应用	说明
灰铸铁	HT150	用于制造端盖、泵体、轴承座、阀壳、管子及管路附件、手轮以及一般机床的底座、床身、滑座、工作台等	"HT"为"灰铁"两字汉语拼音的字头,后面的一组数字表示Ø30试样的最低抗拉强度。如HT200表示Ø30试样最低抗拉强度为200 MPa的灰铸铁
	HT200	承受较大载荷和较重要的零件,如汽缸、齿轮、底座、飞轮、床身等	
球墨铸铁	QT400-18 QT450-10 QT500-7 QT800-2	广泛用于机械制造业中受磨损和受冲击的零件,如曲轴(一般用QT500-7)、齿轮(一般用QT450-10)、汽缸套、活塞环、摩擦片、中低压阀门、千斤顶座、轴承座等	"QT"是球墨铸铁的代号,它后面的数字表示最低抗拉强度和最低伸长率。如QT500-7即表示抗拉强度为500 MPa、伸长率为7%的球墨铸铁
可锻铸铁	KTH300-06 KTH330-08 KTZ450-06	用于承受冲击、振动等的零件,如汽车零件、机床零件(如棘轮)、各种管接头、低压阀门、农具等	"KTH""KTZ"分别是黑心和珠光体可锻铸铁的代号,其后面的两组数字分别代表抗拉强度和断后伸长率

(四) 有色金属及其合金

有色金属的种类繁多,虽然其产量和使用不及黑色金属,但是由于它具有某些特殊性能,故也是现代工业中不可缺少的材料。常用有色金属及其合金的牌号、应用及说明见表2.5。

表2.5 常用有色金属及其合金的牌号、应用及说明

名称	牌号	应用	说明
纯铜	T1	电线、导电螺钉、贮藏器及各种管道等	纯铜分T1~T4四种。T1(一号铜)铜的平均质量分数为99.95%,T4含铜量为99.50%
黄铜	H62	散热器、垫圈、弹簧、各种网、螺钉及其他零件等	"H"表示黄铜,后面数字表示铜的平均质量分数,如62表示铜的平均质量分数为60.5%~63.5%
纯铝	1070A 1060 1050A	电缆、电器零件、装饰件及日常生活用品等	铝的质量分数为98%~99.7%
铸铝合金	ZL102	耐磨性中上等,用于制造载荷不大的薄壁零件等	"Z"表示铸,"L"表示铝,后面的第一个数字表示合金系列,第二、三两个数字表示顺序号。如ZL102表示Al-Si系列02号合金

（五）金属材料的性能

金属材料的性能分为使用性能和工艺性能，见表 2.6。

表 2.6　金属材料的性能

<table>
<tr><th colspan="3">性能名称</th><th>性能内容</th></tr>
<tr><td rowspan="7">使用性能</td><td colspan="2">物理性能</td><td>包括密度、熔点、导电性、导热性及磁性等</td></tr>
<tr><td colspan="2">化学性能</td><td>金属材料抵抗各种介质侵蚀的能力，如抗腐蚀性能等</td></tr>
<tr><td rowspan="5">力学性能</td><td>强度</td><td>在外力作用下材料抵抗变形和破坏的能力，主要有屈服强度 $R_e(\sigma_s)$和抗拉强度 $R_m(\sigma_b)$，单位均为 MPa</td></tr>
<tr><td>硬度</td><td>衡量材料软硬程度的指标，较常用的硬度测定方法有布氏硬度 HBW（新标准取消了 HBS）、洛氏硬度 HR 和维氏硬度 HV 等</td></tr>
<tr><td>塑性</td><td>在外力作用下材料产生永久变形而不发生破坏的能力。常用指标是断后伸长率 $A(\delta_5)$、$A_{11.3}(\delta_{10})$，以百分率表示；断面收缩率 $Z(\Psi)$，以百分率表示。A、$A_{11.3}$、Z 越大，材料塑性越好</td></tr>
<tr><td>冲击韧度</td><td>材料抵抗冲击力的能力。常把各种材料受到冲击破坏时，消耗能量的数值作为冲击韧度的指标，用 a_k(J/cm^2)表示。冲击韧度值主要取决于塑性、硬度，尤其是温度对冲击韧度值的影响具有重要的意义</td></tr>
<tr><td>疲劳强度</td><td>材料受多次交变载荷作用而不发生断裂的最大应力</td></tr>
<tr><td colspan="3">工艺性能</td><td>包括热处理工艺性能、铸造性能、锻造性能、焊接性能及切削加工性能等</td></tr>
</table>

注：括号内为旧标准使用的符号。

三、非金属材料

（一）高分子材料

生活中有很多物品是用塑料做的，如包装用的塑料袋，装饮料的塑料瓶、塑料桶，计算机的显示器外壳、键盘；各种车辆的轮胎都是用橡胶做的；钢铁的表面要涂涂料以防腐；家具的表面要刷油漆以防腐；导线要有塑料或橡胶包皮以绝缘；人们穿的衣物是纤维做的，它们也许是天然的棉花、羊毛，也许是人造的涤纶、腈纶……所有这些都是高分子材料。高分子材料既包括人们日常所见的塑料、橡胶和纤维（它们被合称为三大合成材料），也包括经常用到的涂料和黏合剂以及日常较少见到的所谓功能高分子材料，如用于水净化的离子交换树脂、人造器官等。

有机高分子材料是以一类称为“高分子”的化合物（或称树脂）为主要原料，加入各种填料或助剂而制成的有机材料。高分子是由成千上万个原子通过共价键连接而成的分子量很大（通常几万甚至几百万）的一类分子。它们可以是天然的，如蛋白质、纤维素，称天然高分子；也可以是人工合成的，如聚乙烯、有机玻璃，称合成高分子。组成高分子的原子排列不是杂乱无章的，而是有一定规律的。通常由少数原子组成一定的结构单元，再由这些结构单元重复连接形成高分子。图 2.1 所示的为水分子和高分子（聚乙烯）的结构示意。

高分子通常是由一种或几种带有活性官能团的小分子化合物经过一定的反应而得到的。

如有机玻璃是由甲基丙烯酸甲酯上的双键打开而生成高分子的，蛋白质是由各种氨基酸上的氨基和羧基脱水而形成的。

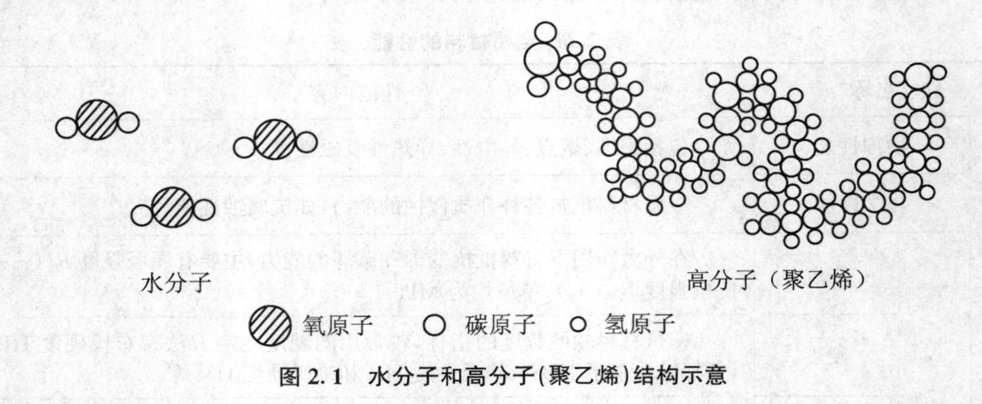

图 2.1 水分子和高分子（聚乙烯）结构示意

1. 塑料

塑料是以合成树脂为主要成分，加入适量的添加剂后形成的一种能加热融化，冷却后保持一定形状的材料。合成树脂是由低分子化合物经聚合反应所获得的高分子化合物，如聚乙烯、聚氯乙烯、酚醛树脂等。树脂受热可软化，起黏接作用。塑料的性能主要取决于树脂。绝大多数塑料是以所用的树脂名称来命名的。

加入添加剂的目的是弥补塑料的某些性能的不足。添加剂有填料、增强材料、增塑剂、固化剂、润滑剂、着色剂、稳定剂及阻燃剂等。

塑料是一种产量最大的高分子材料，其品种繁多、用途广泛。仅就体积而言，全世界的塑料产量已超过钢铁。

塑料按使用性能可分为通用塑料、工程塑料和耐热塑料三类。通用塑料的价格低、产量高，约占塑料总产量的 3/4 以上，如聚乙烯、聚氯乙烯等。工程塑料是指用来制造工程结构件的塑料，其强度大、刚度高、韧性好，如聚酰胺、聚甲醛、聚碳酸酯等。通用塑料改性后，也可作为工程塑料使用。耐热塑料耐受的工作温度可高于 150 ℃，但成本高。典型的耐热塑料有聚四氟乙烯、有机硅树脂、芳香尼龙及环氧树脂等。

塑料按受热后的性能可分为热塑性塑料和热固性塑料。热塑性塑料加热时可熔融，并可多次反复加热使用。热固性塑料经一次成形后，受热不变形、不软化，但只能塑压一次，不能回收使用。

2. 橡胶

橡胶一般在 −40～+80 ℃范围内具有高弹性，通常还具有储能、隔音、绝缘、耐磨等特性。橡胶材料广泛用于制造密封件、减振件、传动件、轮胎和导线等。

3. 合成纤维

合成纤维是由呈黏流态的高分子材料经过喷丝工艺制成的。合成纤维一般具有强度高、密度小、耐磨、耐蚀等特点，不仅广泛用于制作衣料等生活用品，在工农业、交通、国防等部门也有重要作用。常用的合成纤维有涤纶、锦纶和腈纶等。

（二）陶瓷材料

陶瓷是一种古老的材料。一般人们对于陶瓷的概念，除了日用陶瓷外就是精美的陶瓷工艺品，如青花瓷或“明如镜，薄如纸”的薄胎瓷等。传统的陶瓷一般是指陶器、瓷器及建筑用瓷。然而在现代材料科学中，陶瓷被赋予了崭新的意义。

陶瓷材料与其他材料相比，具有耐高温、抗氧化、耐腐蚀、耐磨耗等优异性能，而且它是可以用作满足各种特殊功能要求的专门功能材料，如压电陶瓷、铁电陶瓷、半导体陶瓷及生物陶瓷等。特别是随着空间技术、电子信息技术、生物工程、高效热机等技术的发展，陶瓷材料正显示出独特的作用。

人们把许多用于现代科学与技术方面的高性能陶瓷称为新型陶瓷或精细陶瓷。新型陶瓷在很多方面突破了传统陶瓷的概念和范畴，是陶瓷发展史上一次革命性的进步。例如，原料由天然矿物发展为人工合成的超细、高纯的化工原料；工艺由传统手工工艺发展为连续、自动以及超高温、超高压及微波烧结等新工艺；性能和应用范围由传统的仅用于生活和艺术的简单功能产品，发展为具有电、声、光、磁、热和力学等多种功能综合起来的高科技产品。

新型陶瓷按化学成分可分为以下几种：

① 氧化物陶瓷主要包括氧化铝、氧化锆、氧化镁、氧化铍、氧化钛等。

② 氮化物陶瓷主要有氮化硅、氮化铝、氮化硼等。

③ 碳化物陶瓷主要有碳化硅、碳化钨、碳化硼等。

新型陶瓷按其使用性能可分为结构陶瓷和功能陶瓷两大类。

四、复合材料

复合材料是由两种或两种以上材料，即基体材料和增强材料复合而成的一类多相材料。基体材料主要分为有机聚合物、金属、陶瓷、水泥和碳(石墨)等。增强材料指纤维、丝、颗粒、片材、织物等。纤维增强材料包括玻璃纤维、碳纤维、硼纤维、芳纶纤维、碳化硅纤维、氮化硅纤维等。复合材料保留了组成材料各自的优点，同时具有单一材料无法具备的优良综合性能，它们是按照性能要求而设计的一种新型材料。复合材料已成为当前结构材料发展领域的一个重要组成部分。玻璃纤维增强树脂基为第一代复合材料，碳纤维增强树脂基为第二代复合材料，金属基、陶瓷基及碳基等复合材料则是目前正在发展的第三代复合材料。

复合材料的种类繁多，按基体可分为金属基和非金属基两类。金属基主要有铝、镁、钛、铜等及其合金，非金属基主要有合成树脂、碳、石墨、橡胶、陶瓷、水泥等。按使用性能可分为结构复合材料和功能复合材料。

(一) 树脂基复合材料

树脂基(又称聚合物基)复合材料以树脂为黏接材料，纤维为增强材料，其比强度高、比模量大、耐疲劳、耐腐蚀、吸振性好、耐烧蚀、电绝缘性好。

树脂基复合材料包括玻璃纤维增强热固性塑料、玻璃纤维增强热塑性塑料、石棉纤维增强塑料、碳纤维增强塑料、芳纶纤维增强塑料、混杂纤维增强塑料等。

(二) 碳—碳复合材料

碳—碳复合材料是指用碳纤维或石墨纤维或其织物作为碳基体骨架，埋入碳基质中增强基质所制成的复合材料。碳—碳复合材料可制成碳度高、刚度好的复合材料。在 1 300 ℃以上温度时，许多高温金属和无机耐高温材料都失去了强度，唯独碳—碳复合材料的强度还有所升高。其缺点是垂直于增强方向的强度低。

(三) 金属基复合材料

金属基复合材料是以金属、合金或金属间化合物为基体,含有增强成分的复合材料。与树脂基复合材料相比,金属基复合材料有较高的力学性能和高温强度,不吸湿,导电、导热,无高分子复合材料常见的老化现象。

练一练

以一辆真实汽车为例,对照图 2.2、图 2.3,认识常用的工程材料,并加以记录。

图 2.2 为汽车的车身总成图,图 2.3 所示为汽车的发动机、驱动装置和车轮部分。图中各部分的名称、所用材料和加工方法见表 2.7。

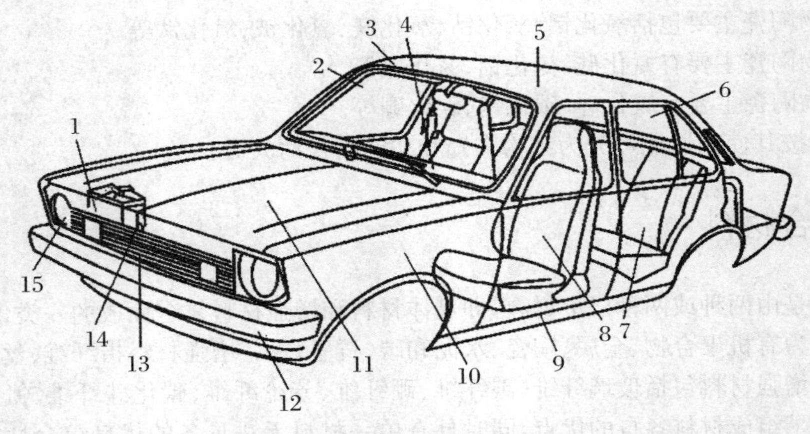

图 2.2 汽车的车身总成

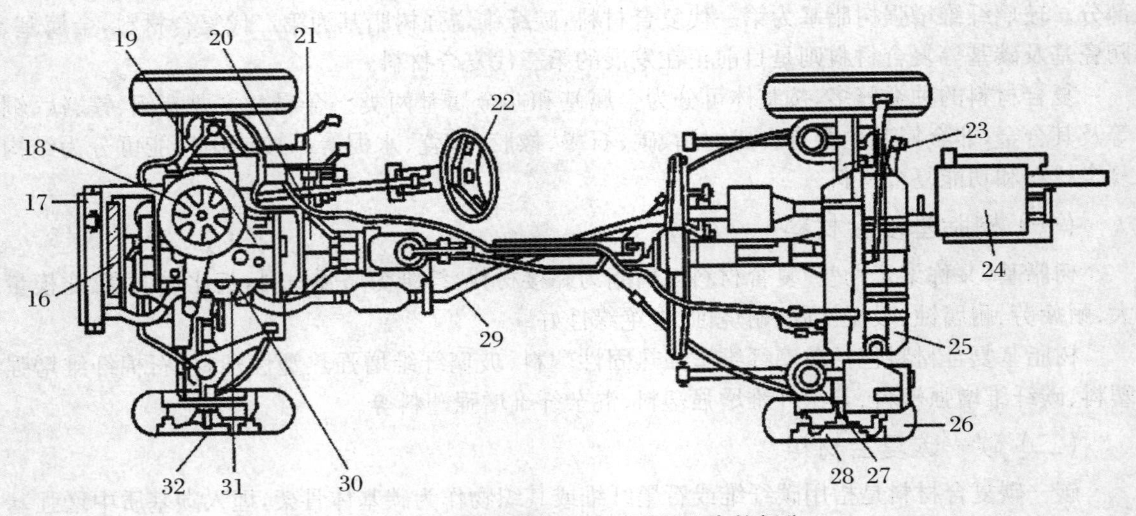

图 2.3 汽车的发动机、驱动装置和车轮部分

表 2.7　汽车零部件名称、用材及加工方法

件　号	名　称		用　材	加工方法
1	蓄电池	壳体	塑料	注射成形
		极板	铅板	
		液	稀硫酸	
2	前风窗玻璃		钢化玻璃或夹层玻璃	
3	遮阳板		聚氯乙烯薄板＋尿烷泡沫	
4	仪表板		钢板 塑料	冲压 注射成形
5	车身		钢板	冲压
6	侧风窗玻璃		钢化玻璃	
7	坐垫包皮		乙烯或纺织品	
8	缓冲垫		尿烷泡沫	
9	车门		钢板	冲压
10	挡泥板		钢板	冲压
11	发动机罩		钢板	冲压
12	保险杠		钢板	冲压
13	散热器格栅		塑料	注射成形
14	标牌		塑料	注射成形、电镀
15	前照灯	透镜	玻璃	
		聚光罩	钢板	冲压、电镀
16	冷却风扇		塑料	注射成形
17	散热器			
18	空气滤清器		钢板	冲压
19	进气总管		铝	铸造
20	操纵杆		钢管	
21	离合器壳体		铝	铸造
22	转向盘		塑料	注射成形
23	后桥壳		钢板	冲压
24	消声器		钢板	冲压
25	油箱		钢板	冲压
26	轮胎		合成橡胶	
27	卷簧		弹簧钢	
28	制动鼓		铸铁	铸造
29	排气管		钢管	
30	发动机	汽缸体	铸铁	铸造
		汽缸盖	铝	铸造
		曲轴	铸钢	锻造
		凸轮轴	铸铁	铸造
31	排气总管		铸铁	铸造
32	制动盘		铸铁	铸造

由表 2.7 可知，汽车零件是由多种材料制成的，采用的加工方法有铸造、锻造、冲压、注射成形等。另外还有一些加工方法没有列出来，如焊接（用于板料的连接和棒料的连接）、机械零件的精加工（切削、磨削）等。

从现阶段汽车零件的质量构成比来看，黑色金属占 75%，有色金属占 5%，非金属材料占 10%～20%。汽车使用的材料大多数为金属材料。

黑色金属材料有钢板、钢材和铸铁。钢板大多采用冲压成形，常用于制造汽车的车身和大梁；钢材的种类有圆钢和各种型钢。黑色金属的强度较高、价格低廉，故使用较多。按黑色金属使用场合的不同，对其性能的要求也不同。例如，制造汽车车身，须使钢板做较大的弯曲变形，故应采用容易进行变形处理的钢板；如果外观差，就影响销售，故车体外表面结构应采用表面美观、易弯曲的钢板；与之相反，车架厚而要求强度高，价格应低廉，所以应采用对表面美观要求不高但较厚的钢板。

有色金属材料有铝合金、铜等。其中以铝合金应用最广，用于制造发动机的活塞、变速箱壳体、带轮等。铝合金由于质量轻、造型美观，更多地用于制造汽车零件。铜常用在电气产品、散热器上。铅、锡与铜构成的合金用作轴承合金。锌合金用作装饰品和车门手柄（表面电镀）。

非金属材料有工程塑料、橡胶、石棉、玻璃、纤维等。由于工程塑料具有密度小，成形性、着色性好，不生锈等性能，可用作薄板、手轮、电气零件、内外装饰品等的制造材料。由于塑料的性能不断改善，FRP（纤维强化塑料）将来有可能被用于制造车身和发动机零件。

第三章　金属切削加工基本知识

一、金属切削加工的概念

金属切削加工就是利用切削工具将坯料或工件的多余材料切去，以获得所要求的几何形状和表面质量的加工方法。

金属切削加工分为钳工和机械加工（简称机工）两部分。

钳工主要通过工人手持工具进行切削加工。其基本操作有锯削、锉削、錾削、钻削、刮研等。其特点是工具简单、应用灵便，是装配和修理工作中不可缺少的加工方法。随着生产的发展，钳工机械化的内容也逐渐丰富起来。

机械加工是通过工人操纵机床进行切削加工。其主要加工方式有车、铣、刨、镗、钻、磨等，所用的机床相应地称为车床、铣床、刨床、镗床、钻床、磨床等。图 3.1 为几种机械加工方式的示意图。

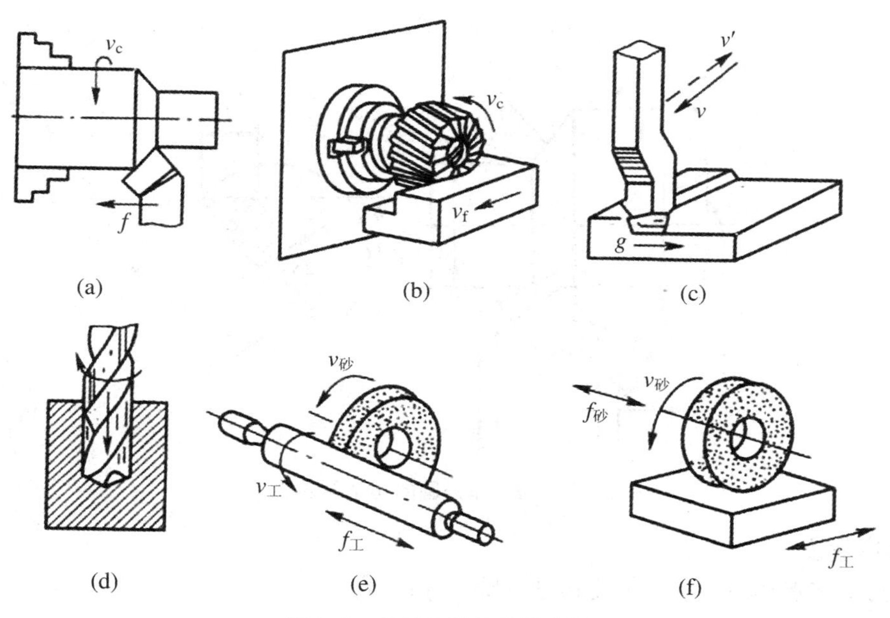

图 3.1　机械加工的几种方法

图 3.1(a)所示为车刀车外圆面。工件旋转，车刀移动。

图 3.1(b)所示为圆柱铣刀铣平面。铣刀旋转，工件移动。

图 3.1(c)所示为刨刀刨平面。刨刀纵向往复移动，工件横向间歇移动（牛头刨）。

图 3.1(d)所示为麻花钻头钻孔。钻头旋转，同时轴向移动（工件不动）。

图 3.1(e)所示为砂轮磨外圆面。砂轮旋转,工件旋转并做轴向移动。

图 3.1(f)所示为砂轮磨平面。砂轮旋转并做轴向移动,工件移动。

(一) 机械加工的切削运动

无论哪种机床,在进行切削加工时,都是靠刀具和工件间的相对运动来实施的。这种相对运动称为切削运动,包括以下两种运动。

1. 主运动

主运动是指形成机床切削速度或消耗主要动力的工作运动,即在切削过程中刀具切下切屑所需的运动。如果没有这个运动就不能进行切削。它的特点是在切削过程中速度最高、消耗机床动力最多,如车床上工件的旋转、铣床上铣刀的转动、刨床上刨刀的往复移动、钻床上钻头的转动和磨床上砂轮的转动。

2. 进给运动

进给运动是使工件的多余材料不断被切除的工作运动,即使金属不断地被投入切削所需的运动,如果没有这个运动,就不能连续进行切削。进给运动有如车刀的移动、钻头和刨刀(龙门刨)的移动、铣削时和刨削(牛头刨)时工件的移动、磨外圆时工件的旋转和轴向移动。切削加工中主运动只有一个,而进给运动则可能是一个或多个。

(二) 机械加工的切削用量三要素

机械加工的切削用量要素(简称切削三要素)包括切削速度 v_c、进给量 f 和背吃刀量 a_p,如图 3.2 所示,现以车外圆为例来说明切削三要素的计算方法及单位。

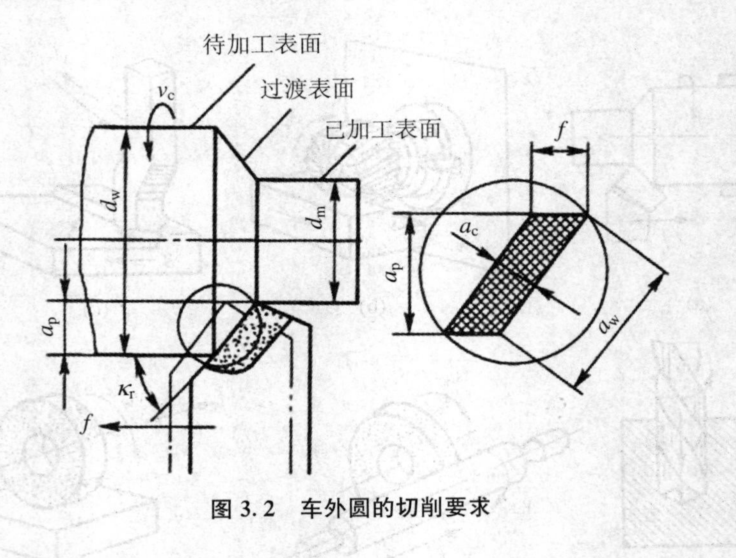

图 3.2 车外圆的切削要求

1. 切削速度 v_c

切削刃选定点相对于工件的主运动的瞬时速度,即

$$v_c = \frac{\pi n D}{60 \times 1\,000}$$

式中,v_c 为切削速度(m/s);D 为加工面的最大直径(mm);n 为主轴转速(r/min)。

2. 进给量 f

刀具在进给运动方向上相对工件的位移量。车削加工时,进给量是工件每转一转时车刀沿进给方向移动的距离,单位是 mm/r。

3．背吃刀量 a_p

背吃刀量是在通过切削刃基点并垂直于工作平面的方向上测量的吃刀量。在车削加工时为待加工表面和已加工表面间的垂直距离，即

$$a_p = \frac{d_w - d_m}{2}$$

二、机械加工零件的技术要求

切削加工的目的在于加工出符合设计要求的机械零件。设计零件时，为了保证机械设备各零件之间的配合关系、互换性以及设备的精度和使用寿命，应根据零件的不同作用提出合理的要求，这些要求通称为零件的技术要求。零件的技术要求包括尺寸精度、形状精度、位置精度、表面粗糙度、零件的选材、材料的热处理以及表面处理（如电镀、发蓝）等。其中，尺寸精度、形状精度和位置精度统称为加工精度。加工精度和表面粗糙度都是由切削加工来保证的。

（一）尺寸精度

尺寸精度是指加工表面本身的尺寸和表面间的尺寸的精确程度。零件的尺寸要加工得绝对准确。在满足零件使用要求的前提下，应给出尺寸允许的最大变动量，即尺寸公差。精度越高，则公差越小。国家标准 GB/T 1800.3—1998 将确定尺寸精度的标准公差等级分为 20 级，分别用 IT01，IT0，IT1，IT2，…，IT18 表示。IT01 的公差值最小，精度最高。各种加工方法相应的尺寸公差等级见表 3.1。

表 3.1　各种加工方法相应的尺寸公差等级

加工方法	IT 等级															
	1	2	3	4	5	6	7	8	9	10	11	12	13	14	15	16
研磨		—	—	—	—											
珩磨				—	—	—	—									
周磨、平磨					—	—	—	—								
金刚石车					—	—	—									
金刚石镗					—	—	—									
拉削						—	—	—	—							
铰							—	—	—	—						
车削、镗削								—	—	—	—					
铣									—	—	—	—				
刨、插										—	—	—	—			
钻											—	—	—	—		
冲压											—	—	—	—	—	

(二) 形状精度

为保证机械设备的精度和使用性能，只靠尺寸公差保证零件的尺寸精度是不够的，还必须对零件表面的几何形状及相互位置提出必要的形状精度和位置精度要求。以图 3.3 所示的 $\varnothing 25^{0}_{-0.014}$ mm 轴为例，虽然尺寸同样控制在公差范围内，但实际上零件却可能加工出多种形状。用这几种形状不同的轴装在精密机械上，与相应的孔配合使用，效果显然会有很大差别。

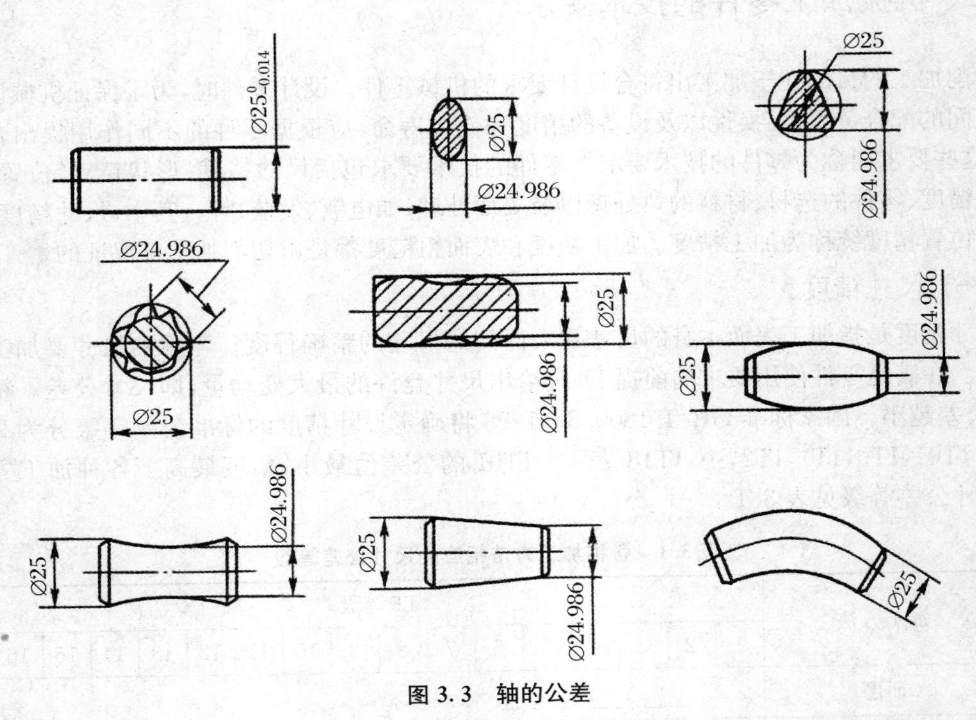

图 3.3 轴的公差

零件的形状精度是指零件上的线、面要素的实际形状相对于理想形状的准确程度。零件上的线、面要素的几何形状不可能做到绝对准确，只能控制在一定的误差范围内。

(三) 位置精度

位置精度是指零件上的点、线、面要素的实际位置相对于理想位置的准确程度。正如零件的表面形状不能做到绝对准确一样，表面相互位置误差也是不可避免的。

(四) 表面粗糙度

在切削加工中，由于刀痕、切屑分离时塑性变形、振动以及刀具和工件的摩擦等，会在工件的已加工表面上不可避免地产生一些微小的峰谷。这些微小峰谷的高低程度和间隙形状被称为表面粗糙度，或称微观不平度。一般肉眼看不见，须用专门仪器方能测出。

国家标准规定了表面粗糙度的评定参数和评定参数的允许数值。最常用的是轮廓算术平均偏差 Ra，其单位为 μm，详见表 3.2。

常用表面粗糙度 Ra 的数值与加工方法见表 3.3。

表 3.2　表面粗糙度的符号及意义

序号	符　　号	意　　义
1	√	基本符号，表示表面可用任何方法获得。不加注粗糙度参数值或有关说明的，仅适用于简化代号标注
2		表示表面是用去除材料的方法获得的，如车、铣、钻、磨等
3		表示表面是用不去除材料的方法获得的，如铸、锻、冲压、冷轧等
4		在上述三个符号的长边上可加一横线，用于标注有关参数或说明
5		在上述三个符号的长边上可加一小圆，表示所有表面具有相同的表面粗糙度要求
6	3.5　60°　8	当参数值的数字或大写字母的高度为 2.5 mm 时，粗糙度符号的高度取 8 mm，三角形高度取 3.5 mm，三角形是等边三角形。当参数值数字高度不是 2.5 mm 时，粗糙度符号和三角形符号的高度也将发生变化

表 3.3　表面粗糙度数值及加工方法

表面特征	表面粗糙度(*Ra*)数值	加工方法举例
明显可见刀痕	100　50　25	粗车、粗刨、粗铣、钻孔
微见刀痕	12.5　6.3　3.2	精车、精刨、精铣、粗铰、粗磨
看不见加工痕迹，微辨加工方向	1.6　0.8　0.4	精车、精磨、精铰、研磨
暗光泽面	0.2　0.1　0.05	研磨、珩磨、超精磨

练一练

① 试计算，当车床主轴转速 400 r/min 时，加工直径为 40 mm 的圆柱棒料，切削刃的瞬时线速度是多少？

② 请解释图 3.4 中的轴的基本尺寸、实际尺寸、极限尺寸。

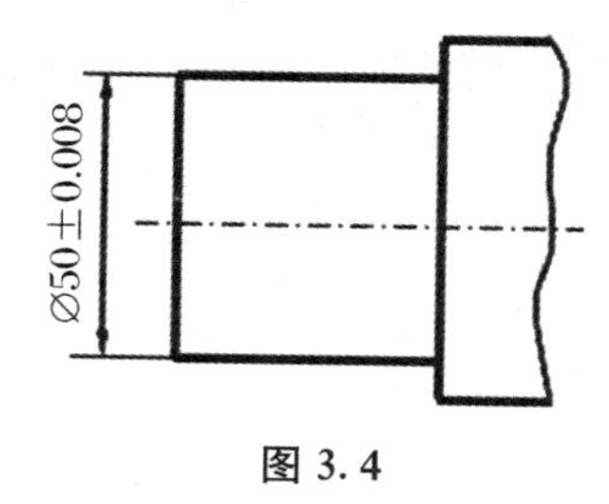

图 3.4

③ 请解释形位公差在零件图(图 3.5)上的标注的含义。

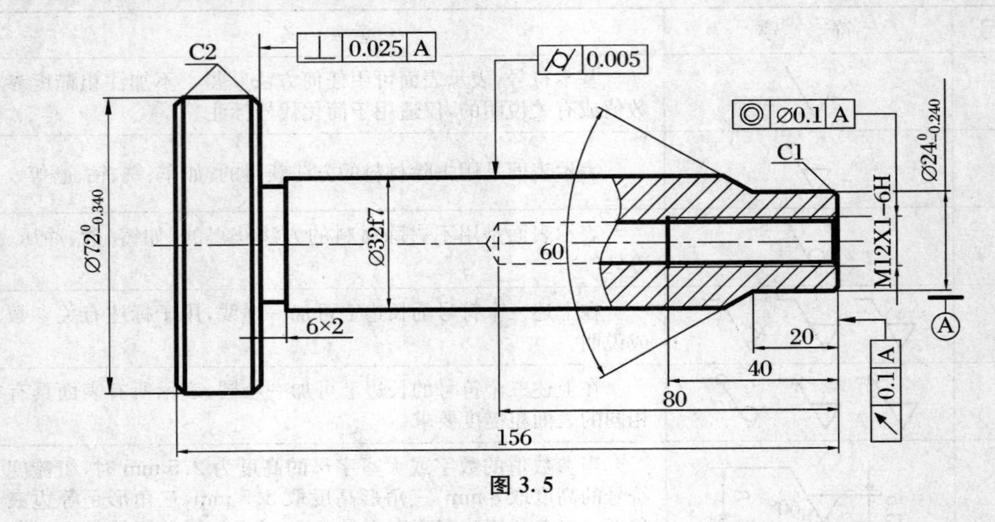

图 3.5

第四章　安全生产

在实训中如果实训人员不遵守工艺操作规程或者缺乏必要的安全知识，就很容易发生机械伤害、触电等工伤事故。因此，为保证实习人员的安全和健康，必须进行安全生产知识教育。

安全生产的基本内容就是安全。为了更好地生产，必须注意安全。生产最基本的条件是保证人和设备在生产中的安全。人是生产中的决定因素，设备是生产的手段，没有人和设备的安全，生产就无法进行。而人的安全尤为重要，不能保证人的安全，设备的作用就无法发挥，生产也就不能顺利、安全地进行。

我国对不断改善劳动条件、做好劳动保护工作、保证生产者的健康和安全历来十分重视，国家制定并颁布了《工厂安全卫生规程》等文件，为安全生产指明了方向。安全生产是我国在生产建设中一贯坚持的方针。

实训中的安全技术要求有机械加工安全技术要求和钳工安全技术要求等。各工种的安全技术要求在实习中务必严格遵守。

机械加工主要指车、铣、刨、磨和钻等切削加工，其特点是使用的装夹工具和被切削的工件或刀具间不仅有相对运动，而且速度较高。如果设备防护不好或操作者不遵守操作规程，很容易造成人身伤害。

一、车工安全技术

① 要穿戴合适的工作服，佩戴防护眼镜，长头发要压入帽内，不能戴手套操作。

② 两人共用一台车床时，只能一人操作并注意他人安全。

③ 卡盘扳手使用完毕后，必须及时取下，否则不能启动车床。

④ 开车前，检查各手柄的位置是否到位，确认正常后才准许开车。

⑤ 开车后，人不能靠近正在旋转的工件，更不能用手触摸工件的表面，也不能用量具测量工件的尺寸，以防发生人身安全事故。

⑥ 严禁在开车时变换车床主轴转速，以防损坏车床，发生设备安全事故。

⑦ 车削时，方刀架应调整到合适位置，以防小滑板左端碰撞卡盘爪而发生人身、设备安全事故。

⑧ 机动纵向或横向进给时，严禁床鞍及横滑板超过极限位置，以防滑板脱落或碰撞卡盘上而发生人身、设备安全事故。

⑨ 发生事故时，要立即关闭车床电源。

⑩ 工作结束后，关闭电源、清除切屑、认真擦拭机床、加油润滑，以保持良好的工作环境。

二、铣工安全技术

铣工实习与车工实习的安全技术有很多相同点，可参照执行，须更加注意如下几点：

① 高速铣削或刃磨刀具时应戴防护眼镜。

② 多人共同使用一台铣床时，只能一人操作，并注意他人的安全。

③ 开动铣床后人不能靠近旋转的铣刀，更不能用手去触摸刀具和工件，也不能在开机时测量工件。

④ 工件必须压紧夹牢，以防发生事故。

⑤ 操作时不要站立在铁屑流出的方向，以免铁屑飞入眼中。

⑥ 高速铣削或冲注切削液时，应加放挡板，以防铁屑飞出及切削液外溢。

三、焊工安全技术

① 严格按照焊机铭牌上标示的数据使用焊机，不得超载使用。

② 应在空载状态下调节电流，焊机工作时，不允许有长时间短路。

③ 使用焊机前，应在检查并确认焊机接线正确、电流范围符合要求、外壳接地可靠、焊机内无异物后，方可合闸工作。

④ 工作时，焊机铁芯不应有强烈震动，压紧铁芯的螺丝应拧紧。工作中焊机及电流调节器的温度不应超过 60 ℃。

⑤ 加强维护保养工作，保持焊机内外清洁，保证焊机和焊接软线绝缘性能良好，若有破损或烧伤应立即维修。

⑥ 定期由电工检查焊机电路的技术状况及焊机各处的绝缘性能，如有问题应及时排除。

⑦ 在焊接和切割工作场所，必须有防火设备，如消防栓、灭火器、砂箱以及装满水的水桶等。

⑧ 施工人员在施工过程中，应谨防触电，注意不要被弧光和金属飞溅伤害，预防爆炸及其他伤害事故发生。

⑨ 当焊接或切割工作结束后，要仔细检查焊接场地周围，在确认没有起火危险后，方可离开现场。

四、钳工安全技术

① 实习时，要穿工作服，不准穿拖鞋，操作机床时严禁戴手套，女同学要戴工作帽。

② 不准擅自使用不熟悉的机器和工具。设备使用前要检查，如发现损坏或其他故障时应停止使用并报告。

③ 操作时要时刻注意安全，互相照应，防止发生意外。

④ 要用刷子清理铁屑，不准用手直接清除，更不准用嘴吹，以免割伤手指和屑末飞入眼睛。

⑤ 使用电器设备时，必须严格遵守操作规程，以防触电。

⑥ 要做到文明实习，工作场地要保持整洁。使用的工具、量具要分类放置，工件、毛坯和原材料应堆放整齐。

⑦ 钻床使用的安全要求：

a. 工作前，对所用钻床和工具、夹具、量具要进行全面检查，确认无误后方可操作。

b. 工件装夹必须牢固可靠，工作中严禁戴手套。

c. 手动进给时，一般按照逐渐增压和逐渐减压的原则进行，用力不可过猛，以免造成事故。

d. 钻头上绕有长铁屑时，要停下钻床，然后用刷子或铁钩将铁屑清除。

e. 不准在旋转的刀具下翻转、夹压或测量工件，手不准触摸旋转的刀具。

f. 摇臂钻的横臂回转范围内不准有障碍物，工作前横臂必须夹紧。

g. 横臂和工作台上不准存放物件。

h. 工作结束后，将横臂降低到最低位置，主轴箱靠近立柱，并且要夹紧。

⑧ 砂轮机使用的安全要求：

a. 砂轮机启动后应运转平稳，若跳动明显应及时停机修整。

b. 砂轮机旋转方向要正确，磨屑只能向下飞离砂轮。

c. 砂轮机托架和砂轮之间的距离应保持在 3 mm 以内，以防工件扎入造成事故。

d. 操作者应站在砂轮机侧面，磨削时不能用力过大。

在实习过程中，各工种实习人员务必严格遵守相应的安全技术要求。

五、铸造工安全技术

① 进入车间实习时，要穿好工作服，戴好防护用品。大袖口要扎紧，衬衫要系入裤内。不得穿着凉鞋、拖鞋、高跟鞋、背心、裙子和围巾进入车间。

② 工作前检查自用设备和工具，砂型必须排列整齐，并留出浇注通道。

③ 工作场地上的铁钉、散砂应随时清理和回收，保持通道畅通。

④ 车间所有设备(机械和电器)不许乱动。

⑤ 手工造型：

a. 紧砂时，不得将手放在砂箱上，以防砸手伤人。

b. 造型时不可用嘴去吹型砂，只能用皮老虎吹砂。使用皮老虎时，要选择向无人的方向吹，以防将砂子吹入眼中。

c. 造型时要保证分型面平整、吻合。为防止浇注时金属液从分型面间射出，造成跑火，可用烂砂将分型面的箱缝封堵住。

d. 人力搬运或翻转芯盒、砂箱时，要小心轻放，应量力而行，不要勉强。两人配合翻箱时，动作要协调。弯腰搬动重物时要防止扭伤。

e. 合箱时，手要扶住箱壁外侧，不能放在分型面上，以防压伤手。

f. 手锤应横放在地上，不可直立放置，以防伤脚。

g. 每人所用的工具应放在工具盒内，不得随意乱放。起模针和气孔针放在盒内时，尖头应向下，以防刺伤手。

⑥ 浇注：

a. 浇注前，要清理好砂型四周及通道，不得有阻挡。

b. 刚浇铸的铸件，禁止用手拿或摸，以免损坏工件或被烫伤。

c. 落料清砂时不得将砂抛高飞扬，不能乱吹砂，严防伤害他人。

⑦ 每当实习结束时，应做好工具、用具的清理工作，打扫场地卫生，保持车间整洁。清理场

地时，不许乱丢铸件。

练一练

① 灭火的基本方法有哪些？

② 安全标志从内容上分为几类？分别是什么？

③ 在金属切割时，工人能戴防护手套吗？

④ 请解释图 4.1 中安全警示标志的含义。

图 4.1

下篇

实践操作

第五章　车　　削

一、车削概述

车削加工既适用于单件小批量零件的加工生产，又适用于大批量零件的加工生产。车削加工能完成的工作如图 5.1 所示。

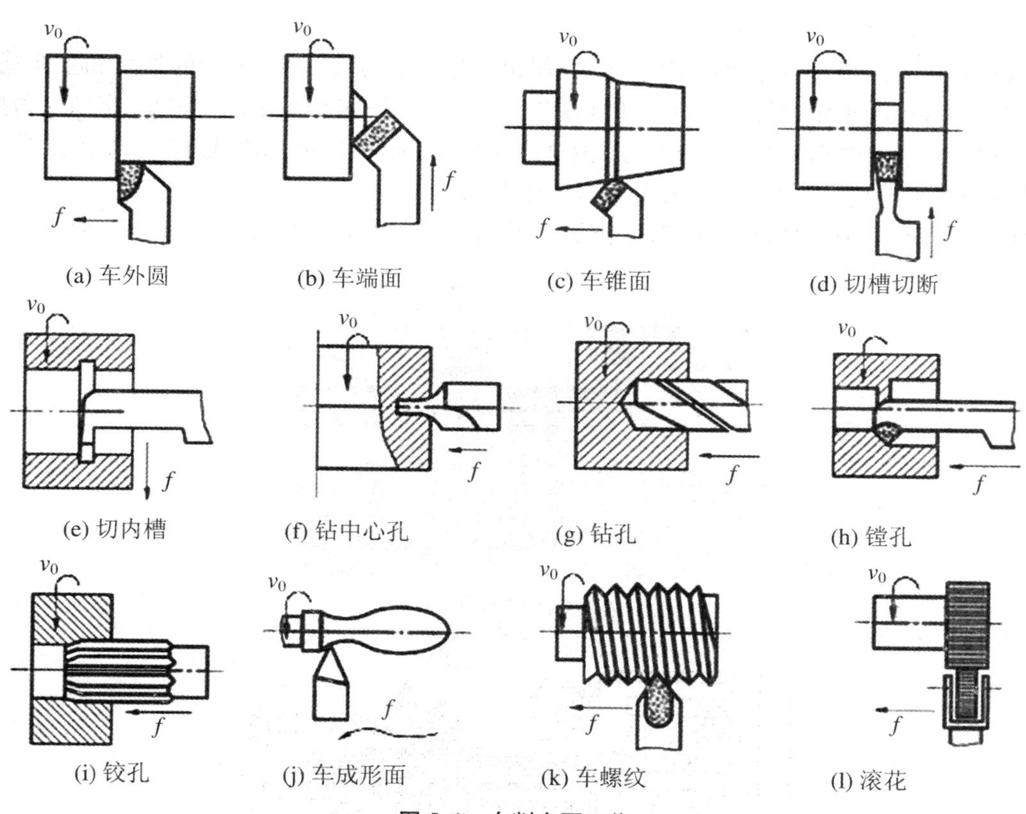

图 5.1　车削主要工作

车床在机械加工设备中占总数 50% 以上，是金属切削机床中数量最多的一种，常用于加工各种回转体表面，在现代机械加工中占有重要的地位。车削加工可以在卧式车床、立式车床、转塔车床、仿形车床、自动车床、数控车床及各种专用车床上进行，以满足不同尺寸、形状零件的加工要求及提高劳动生产率，其中以卧式车床应用最广。

（一）车削加工的特点

车削加工与其他切削加工方法比较有如下特点：

1．适应范围广

车削加工是加工不同材质、不同精度的各种具有回转表面零件的不可缺少的工序。

2．容易保证零件各加工表面的位置精度

例如，在加工工件各回转面时，可保证对各加工表面的同轴度、平行度、垂直度等位置精度的要求。

3．生产成本低

车刀是刀具中最简单的一种，制造、刃磨和安装较方便。车床附件较齐全，生产准备时间短。

4．生产率较高

车削加工一般是等截面连续切削。因此，切削力变化小，较刨、铣等切削过程平稳。可选用较大的切削用量，生产率较高。

车削的尺寸公差等级一般可达 IT8～IT7，表面粗糙度 *Ra* 值为 1.6～3.2 μm。尤其是对不宜磨削的有色金属进行精车加工可获得更高的尺寸精度和更小的表面粗糙度值。

（二）卧式车床的组成

机床均用汉语拼音字母和数字按一定规律组合进行编号，以表示机床的类型和主要规格。车工实习中常用的车床型号为 C6132 和 C6136，在 C6132 车床编号中，C 是“车”字的汉语拼音的首字母，直接读作“车”；6 和 1 分别为机床的组别和系别代号，表示卧式车床；32 为主参数代号，表示最大车削直径的 1/10，即最大车削直径为 320 mm。

卧式车床有多种型号，其结构基本相似。图 5.2 所示为 C6132 型卧式车床外形及主要结

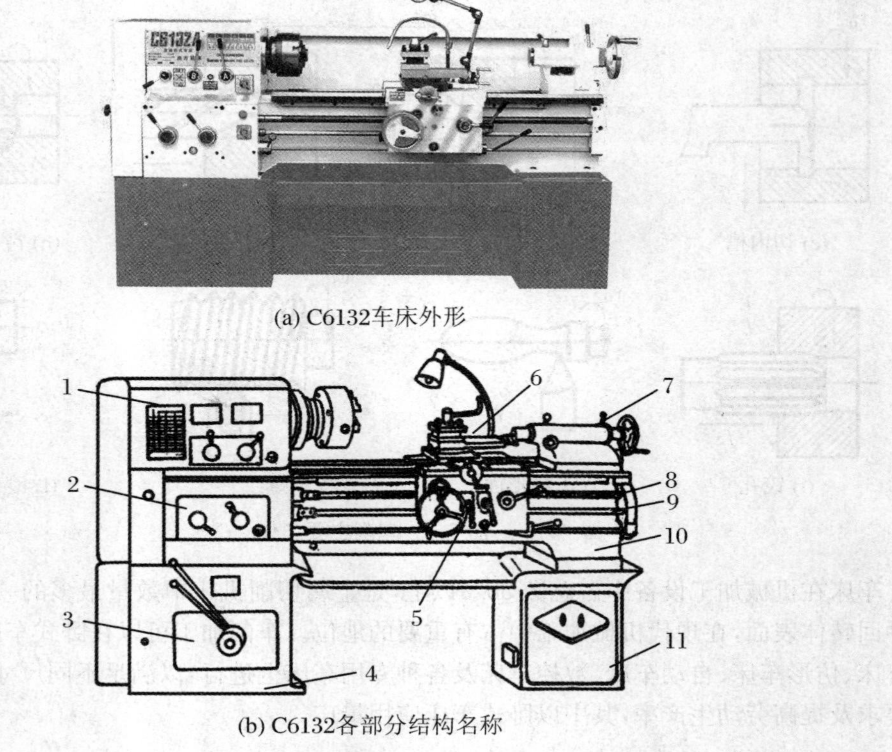

(a) C6132车床外形

(b) C6132各部分结构名称

图 5.2

1-床头箱；2-进给箱；3-变速箱；4-前床脚；5-溜板箱；6-刀架；7-尾架；8-丝杠；9-光杠；10-床身；11-后床脚

构，其主要组成部分如下：

1．床身

床身用以连接机床各主要部件，并保证各部件间有正确的相对位置。床身上的导轨，用以引导刀架和尾座相对于主轴正确移动。

2．变速箱

主轴的变速主要通过变速箱完成。变速箱内有变速齿轮，通过改变变速箱上的变速手柄的位置可以改变主轴的转速，变速箱远离主轴可减少由变速箱的振动和发热对主轴产生的影响。

3．主轴箱

内装主轴和主轴的变速机构，可使主轴获得多种转速。主轴是由前后轴承精密支承着的空心结构，以便穿过长棒料进行安装，主轴前端的内锥面用来安装顶尖，外锥面可安装卡盘等车床附件。

4．进给箱

进给箱是传递进给运动并改变进给速度的变速机构。传入进给箱的运动，通过进给箱的变速齿轮可使光杠和丝杠获得不同的转速，以得到加工所需的进给量或螺距。

5．溜板箱

溜板箱是进给运动的操纵机构。溜板箱与床鞍(图 5.3 中序号 7)连接在一起，将光杠的旋转转动变为车刀的横向或纵向移动，用以车削端面或外圆，将丝杠的旋转运动变为车刀的纵向移动，用以车削螺纹。溜板箱内设有互锁机构，使光杠、丝杠两者不能同时使用。

6．刀架

图 5.3 所示为 C6132 车床刀架。刀架用来装夹车刀并使其作纵向、横向和斜向运动。它是多层结构，其中方刀架 2 可同时安装四把车刀，以供车削时选用。小滑板(小刀架)4 受其行程的限制，一般做手动短行程的纵向或斜向进给运动，车削圆柱面或圆锥面。转盘 3 用螺栓与中滑板(中刀架)1 紧固在一起，松开螺母 6，转盘 3 可在水平面内旋转任意角度。中滑板 1 沿床鞍 7 上面的导轨做手动或自动横向进给运动。床鞍(大刀架)7 与溜板箱连接，带动车刀沿床身

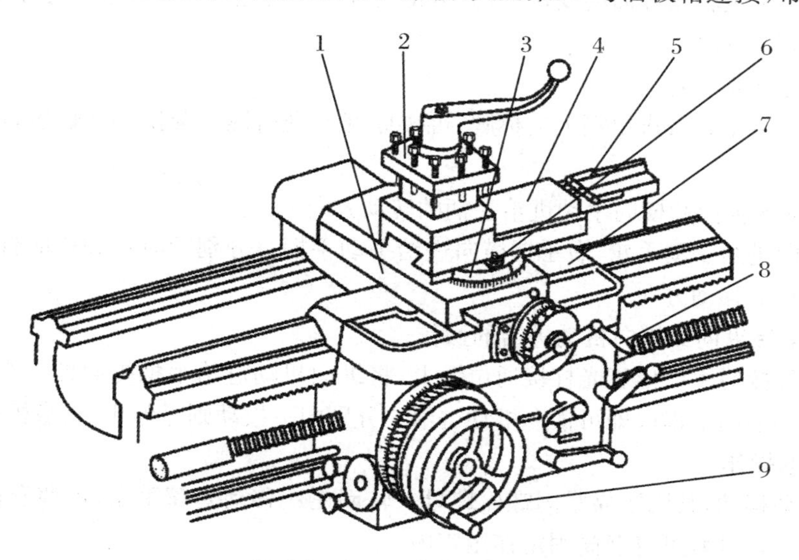

图 5.3　C6132 车床刀架结构

1-中滑板；2-方刀架；3-转盘；4-小滑板；5-小滑板手柄；6-螺母；7-床鞍；8-中滑板手柄；9-床鞍手柄

导轨做手动或自动纵向移动。

7. 尾座

尾座套筒内装入顶尖用来支承长轴类工件的另一端，也可装上钻头、铰刀等刀具，进行钻孔、铰孔等工作。当尾座在床身导轨上移到某一所需位置后，便可通过压板和固定螺钉将其固定在床身上。松开尾座底板的紧固螺母，拧动两个调节螺钉，可调整尾座的横向位置，以便顶尖中心对准主轴中心，或偏离一定距离车削长圆锥面。松开套筒锁紧手柄，转动手轮带动丝杠，能使螺母及与它相连的套筒相对尾座体移动一定距离。如将套筒退缩到最后位置，即可自行卸出带锥度的顶尖或钻头等工具，如图 5.4 所示。

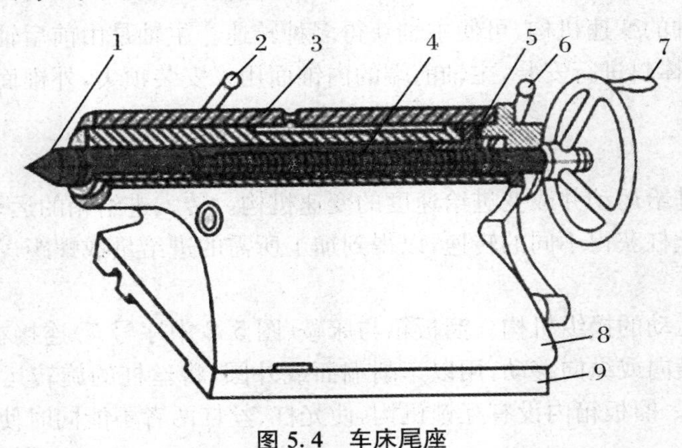

图 5.4 车床尾座

1-顶尖；2-套筒锁紧手柄；3-顶尖套筒；4-丝杆；5-螺母；6-尾座锁紧手柄；7-手轮；8-尾座体；9-底座

(三) 车床基础操作

1. 停车练习

(1) 正确变换主轴转速

变动变速箱和主轴箱外面的变速手柄，可得到各种相对应的主轴转速。在手柄拨动不顺利时，用手稍转动卡盘即可。

(2) 正确变换进给量

按所选的进给量查看进给箱上的标牌，再按标牌上进给说明变换手柄位置，即得到所需的进给量。

(3) 熟悉掌握纵向和横向手动进给手柄的转动方向

左手握纵向进给手动手轮，右手握横向进给手动手柄。分别顺时针和逆时针旋转手轮，操纵刀架和溜板箱的移动方向。

(4) 熟悉掌握纵向或横向机动进给的操作

光杠或丝杠接通手柄位于光杠接通位置上，将纵向机动进给手柄提起即可纵向进给，如将横向机动进给手柄向上提起即可横向机动进给。分别向下扳动则可停止纵、横机动进给。

(5) 尾座的操作

尾座靠手动移动，其固定靠紧固螺栓螺母。转动尾座移动套筒手轮，可使套筒在尾架内移动，转动尾座锁紧手柄，可将套筒固定在尾座内。

2. 低速开车练习

练习前应先检查各手柄位置是否处于正确的位置，正确无误后方可开车练习，操作顺序如下：

① 主轴启动→电动机启动→操纵主轴转动→停止主轴转动→关闭电动机。

② 机动进给→电动机启动→操纵主轴转动→手动纵横进给→机动纵横进给→手动退回→机动横向进给→手动退回→停止主轴转动→关闭电动机。

特别注意：

① 机床完全停止前严禁变换主轴转速，否则会出现严重的主轴箱内齿轮打齿现象甚至发生机床事故。开车前要检查各手柄是否处于正确位置。

② 纵向和横向手柄进、退方向不能摇错，尤其是快速进、退刀时要千万注意，否则会导致工件报废甚至引发安全事故。

③ 横向进给手动手柄每转一格时，刀具横向吃刀量改变 0.02 mm，其圆柱体直径方向切削量变化为 0.04 mm。

二、工件的安装及车床附件

安装工件时应使被加工表面的回转中心和车床主轴的轴线重合，以保证工件在加工之前在机床或夹具中占有一个正确的位置，即定位。工件定位后还要夹紧，以承受切削力、重力等。所以工件在机床(或夹具)上的安装一般经过定位和夹紧两个过程。按零件的形状、大小和加工批量不同，安装的方法及所用附件也不同。在普通车床上常用的附件有三爪自定心卡盘、四爪单动卡盘、顶尖、跟刀架、中心架、心轴、花盘弯板等。这些附件是通用的车床夹具，一般由专业厂家生产作为车床附件配套供应。当工件定位面较复杂或有其他特殊要求时，应设计专用车床夹具。

(一) 三爪自定心卡盘

三爪自定心卡盘的构造如图 5.5 所示。使用时，用卡盘扳手转动小锥齿轮 3，可使之和其相啮合的大锥齿轮 2 一起转动，大锥齿轮 2 背面的平面螺纹就使三个卡爪同时做向心或离心移动，以夹紧或松开工件。当工件直径较大时，可换上反爪进行装夹。三爪自定心卡盘的定心精度不高，一般为 0.05～0.15 mm，其夹紧力较小，仅适用于夹持表面光滑的圆柱形或六角形等零件，而不适用于单独安装质量重或形状复杂的零件。但由于三个卡爪是同时移动的，装夹工件时能自动定心，可省去许多校正工件的时间。因此，三爪自定心卡盘仍然是车床上最常用的通用夹具。

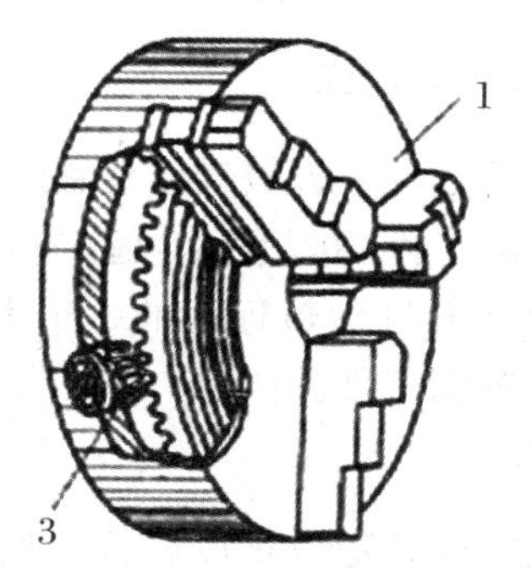

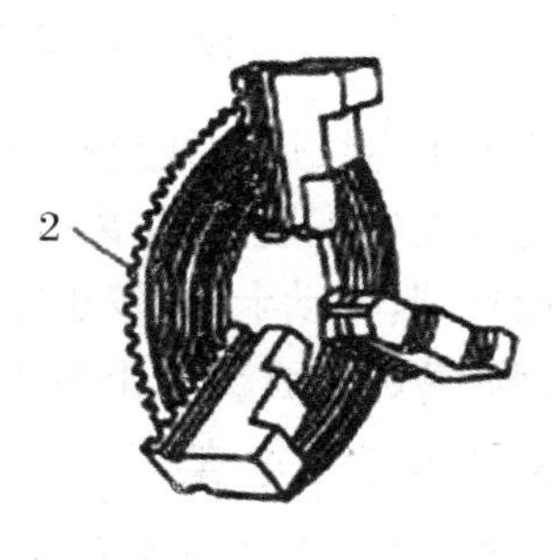

图 5.5　三爪自定心卡盘

1-卡盘体；2-大锥齿轮；3-小锥齿轮

三爪自定心卡盘安装工件的步骤如下：

① 工件在卡爪间必须放正，夹持长度至少 10 mm，轻轻夹紧后，随即取下扳手，以免开车时工件飞出，砸伤人或机床。

② 开动机床，使主轴低速旋转，检查工件有无偏摆，若有偏摆应停车，用小锤轻敲校正，然后紧固工件，取下扳手。

③ 移动车刀至车削行程的左端，用手旋转卡盘，检查刀架等是否与卡盘或工件碰撞。

(二) 四爪单动卡盘

四爪单动卡盘也是常见的通用夹具，如图 5.6(a)所示。它的四个卡爪的径向位移由四个螺杆单独调整，不能自动定心，因此在安装工件时的找正时间较长，要求技术水平高。用四爪单动卡盘安装工件时卡紧力大，既适用于装夹圆形零件，也可用于装夹方形、长方形、椭圆形、内外圆偏心零件或其他形状不规则的零件。四爪单动卡盘只适用于单件小批量零件的生产。

四爪单动卡盘安装工件时，一般用划线盘按工件外圆或内孔进行找正。当要求的定位精度达到 0.02～0.05 mm 时，可以按事先划出的加工界线用划线盘进行划线找正，如图 5.6(b)所示。当要求定位精度达到 0.01 mm 时可用百分表找正，如图 5.6(c)所示。

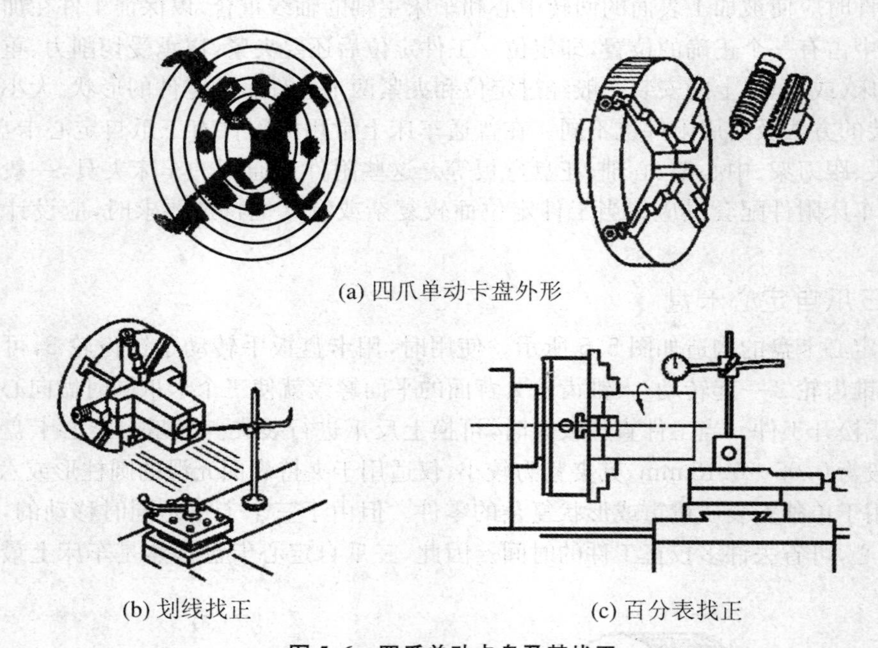

(a) 四爪单动卡盘外形

(b) 划线找正　　(c) 百分表找正

图 5.6　四爪单动卡盘及其找正

当按事先划出的加工界线用划线盘找正时，先使划针靠近被轻轻夹紧的工件上划出的加工界线，再慢慢转动卡盘，先校正端面，在离针尖最近的工件端面上用小锤轻轻敲击至各处距离相等。将划针针尖靠近外圆，转动卡盘，校正中心，将离开针尖最远处的一个卡爪松开，拧紧其对面的一个卡爪，反复调整几次，直至校正为止，最后紧固工件。

(三) 顶尖、跟刀架及中心架

在顶尖上安装轴类工件，由于两端都是锥面定位，其定位精度较高，即使是多次装卸与调头，也能保证各外圆面有较高的同轴度。当车细长轴(长度与直径之比大于 20)时，由于工件本身的刚性不足，为防止工件在切削力作用下产生弯曲变形而影响加工精度，除了用顶尖安装工件外，还常用中心架或跟刀架作附加的辅助支承。

1. 顶尖

常用的顶尖有死顶尖和活顶尖两种。较长或加工工序较多的轴类零件，常采用前后两顶尖安装，如图5.7所示，由拨盘带动卡箍（又称鸡心夹头）进而卡箍带动工件旋转。前顶尖装在主轴上，采用死顶尖和主轴一起旋转；后顶尖装在尾座上固定不转，易磨损，在高速切削时常采用活顶尖。在不需要调头安装亦可在车床上保证工件的加工精度时，也可用三爪自定心卡盘代替拨盘。

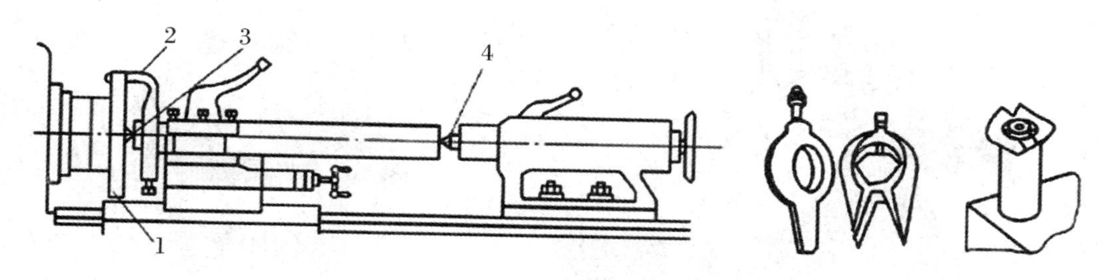

图5.7　顶尖装夹工件

1-拨盘；2-卡箍；3，4-顶尖

用顶尖安装工件的步骤如下：

① 安装工件前，车两端面，用中心钻在两端面上加工出中心孔。A型中心孔的60°锥面和顶尖的锥面相配合，前端的小圆柱孔是为保证顶尖与锥面紧密接触，并可储存润滑油。B型中心孔有双锥面，中心孔前端的120°锥面，用于防止60°定位锥面被碰坏。

② 在工件一端安装卡箍，用手稍微拧紧卡箍螺钉，在工件的另一端中心孔里涂上润滑油。

③ 擦净与顶尖配合的各锥面，并检查中心孔是否平滑，再将顶尖用力装入锥孔内，调整尾座横向位置，直至前后顶尖轴线重合。将工件置于两顶尖间，视工件长短调整尾座位置，保证能让刀架移至车削行程的最右端，同时又要尽量使尾座套筒伸出最短，然后将尾座固定。

④ 转动尾座手轮，调节工件在顶尖间的松紧度，使之既能自由旋转，又无轴向松动，最后紧固尾座套筒。

⑤ 将刀架移至车削行程最左端。用手转动拨盘及卡箍，检查是否与刀架等碰撞。

⑥ 拧紧卡箍螺钉。

⑦ 当切削用量较大时，工件会因发热而伸长，在加工过程中还须及时调整顶尖位置。

2. 跟刀架

跟刀架主要用于精车或半精车细长光轴类零件，如丝杠和光杠等。如图5.8所示，跟刀架被固定在车床床鞍上，与刀架一起移动。使用时，先在工件上靠后顶尖的一端车出一小段外圆，根据它调节跟刀架的两支承，然后再车出全轴长。使用跟刀架可以抵消径向切削力，从而提高精度和表面质量。

3. 中心架

中心架一般用于加工阶梯轴及在长杆件端面进行钻孔、镗孔或攻螺纹。对不能通过机床主轴孔的大直径长轴进行车端面操作时，也经常使用中心架。如图5.9所示，中心架由压板螺钉紧固在车床导轨上，以互成120°角的三个支承爪支承在工件已经预先加工过的外圆面上，以增加工件的刚性。如果细长轴不易加工出外圆面，可使用过渡套筒安装细长轴。加工长杆件时，须先加工一端，然后调头安装，再加工另一端。

应用跟刀架或中心架时，工件被支承部位即加工过的外圆表面要添加机油润滑。工件的转速不能过高且支承爪与工件的接触压力不能过大，以免工件与支承爪之间因摩擦过热而烧坏或磨损支承爪。但支承爪与工件之间的接触压力也不能过小，否则起不到辅助支承的作用。另外，当支承爪受到磨损后，应及时调整支承爪的位置。

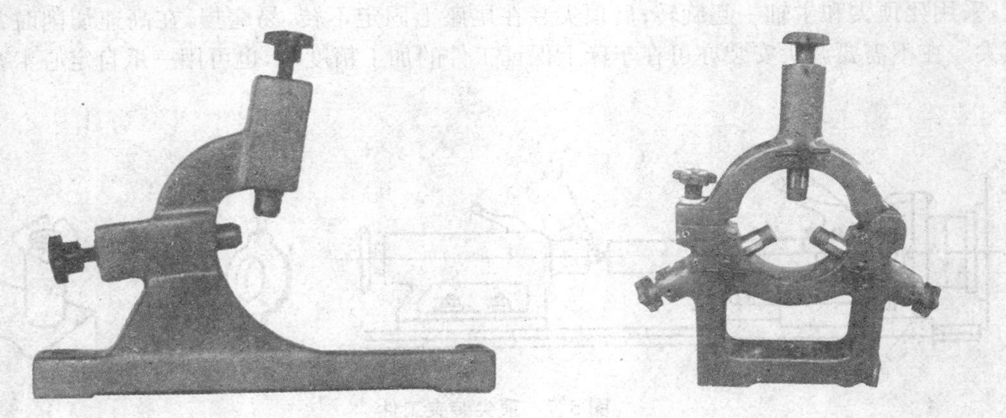

图 5.8　跟刀架　　图 5.9　中心架

（四）心轴

形状复杂或同轴度要求较高的盘套类零件常用心轴安装加工，以保证工件外圆与内孔的同轴度及端面与内孔轴线的垂直度的要求。

用心轴安装工件，应先对工件的孔进行精加工（达 IT8～IT7），然后以孔定位。心轴用双顶尖安装在车床上，以加工端面和外圆。安装时，根据零件的形状、尺寸、精度要求和加工数量的不同，采用不同结构的心轴。

1. 圆柱心轴

当零件长径比小于 1 时，应使用带螺母压紧的圆柱心轴，如图 5.10 所示。工件左端靠紧心轴的台阶，由螺母及垫圈将工件压紧在心轴上。为保证内外圆同心，孔与心轴之间的配合间隙应尽可能小些，否则其定心精度将随之降低。一般情况下，当工件孔与心轴采用 H7/h6 配合时，同轴度误差不超过 Ø0.02～Ø0.03 mm。

2. 小锥度心轴

当零件长径比大于 1 时，可采用带有小锥度（1/5 000～1/1 000）的心轴，如图 5.11 所示。工件孔与心轴配合时，靠接触面产生弹性变形来夹紧工件，故切削力不能太大，以防工件在心轴

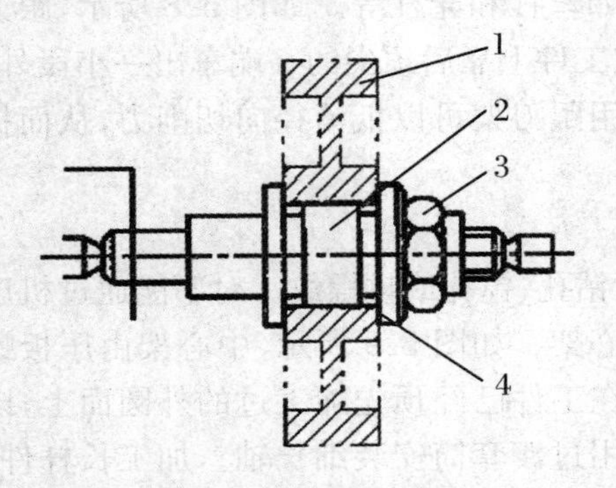

图 5.10　圆柱心轴安装工件

1-工件；2-心轴；3-螺母；4-垫圈

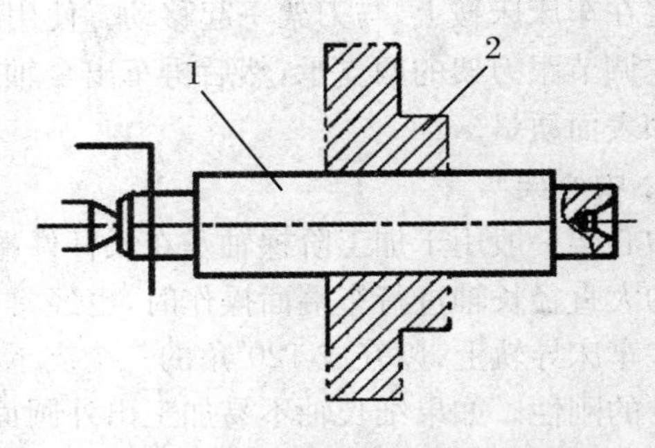

图 5.11　圆锥心轴安装工件

1-心轴；2-工件

上滑动而影响正常切削。小锥度心轴定心精度较高，同轴度误差不超过 Ø0.01～Ø0.005 mm，多用于磨削或精车，但轴向定位不确定。

3. 胀力心轴

胀力心轴是通过调整锥形螺杆使心轴一端作微量的径向扩张，以将工件孔胀紧的一种快速装拆的心轴，适用于安装中、小型零件。

4. 螺纹伞形心轴

螺纹伞形心轴，适用于安装以毛坯孔为基准车削外圆的带有锥孔或阶梯孔的零件。其特点是：装拆迅速，装夹牢固，能装夹一定尺寸范围内不同孔径的零件。

此外还有弹簧心轴和离心力夹紧心轴等。

（五）花盘及弯板

如图 5.12(a)所示为花盘外形图，花盘端面上的 T 形槽用来穿压紧螺栓，中心的内螺孔可直接安装在车床主轴上。安装时花盘端面应与主轴轴线垂直，花盘本身形状精度要求高。工件通过压板、螺栓、垫铁等固定在花盘上。花盘用于安装大、扁、形状不规则的且三爪自定心卡盘和四爪单动卡盘无法装卡的大型零件，可确保所加工的平面与安装平面平行及所加工的孔或外圆的轴线与安装平面垂直。

弯板多为 90°角铁，两平面上开有槽形孔用于穿紧固螺钉。弯板用螺钉固定在花盘上。再将工件用螺钉固定在弯板上，如图 5.12(b)所示。当要求待加工的孔（或外圆）的轴线与安装平面平行或要求两孔的中心线相互垂直时，可用花盘弯板安装工件。

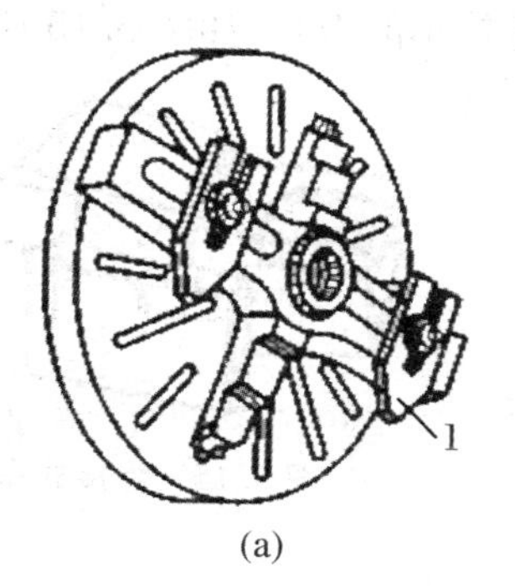

(a)

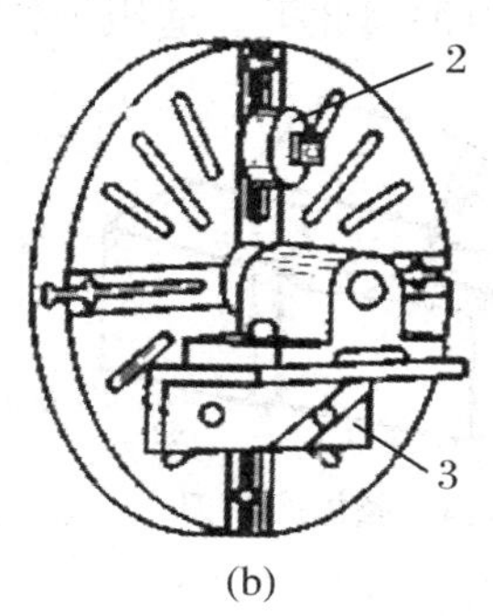

(b)

图 5.12　花盘及安装工件

1-压板；2-配重；3-弯板

用花盘或花盘弯板安装工件时，应在重心偏置的对应部位加配重进行平衡，以防加工时因工件的重心偏离旋转中心而引起振动和冲击。

三、车刀

车刀是一种单刃刀具，虽然其种类繁多，形状各异，但是各种车刀的材料、结构、角度、刃磨及安装过程基本相似。

（一）车刀的分类

车刀按用途可分为外圆车刀、端面车刀、镗刀、切断刀等，如图 5.13 所示。

车刀按结构类型可分为以下几种：

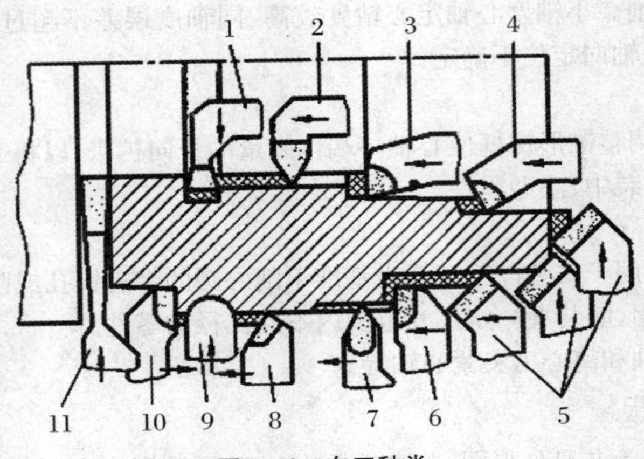

图 5.13 车刀种类

1-车槽镗刀；2-内螺纹车刀；3-盲孔镗刀；4-通孔镗刀；5-弯头外圆车刀；6-右偏刀；7-外螺纹车刀；8-直头外圆车刀；9-成形车刀；10-左偏刀；11-切断刀

1．整体式车刀

车刀的切削部分与夹持部分材料相同，用于在小型车床上加工工件或加工有色金属及非金属工件，高速钢刀具即属此类，如图 5.14 所示。

2．焊接式车刀

车刀的切削部分与夹持部分材料完全不同。切削部分材料多以刀片形式焊接在刀杆上，常用的硬质合金车刀即属此类。适用于各类车刀，特别是较小的刀具，如图 5.15 所示。

图 5.14 整体式车刀

图 5.15 焊接式车刀

3．机夹式车刀

机夹式车刀分为机械夹固重磨式车刀和不重磨式车刀，前者用钝后可集中重磨；后者切削刃用钝后可快速转位再用，又称为机夹可转位式刀具，特别适用于自动生产线和数控车床。机夹式车刀避免了刀片因焊接产生的应力、变形等缺陷，刀杆利用率高，如图 5.16 所示。

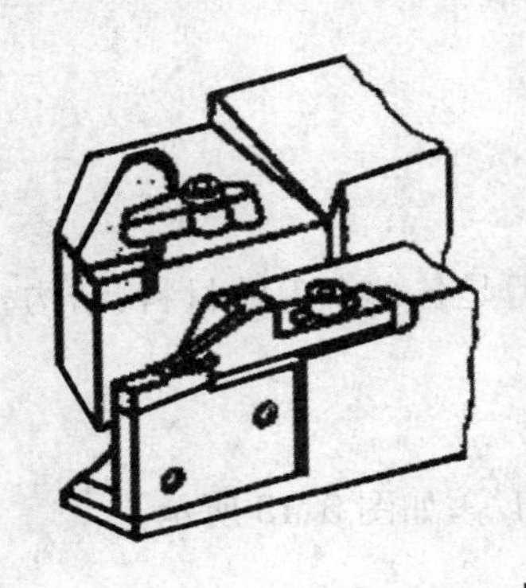

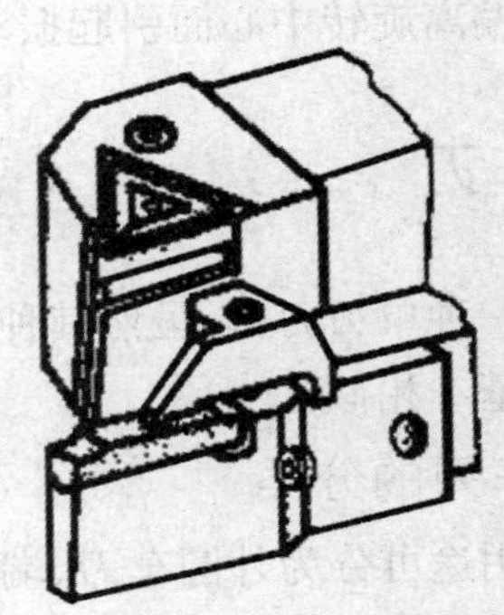

图 5.16 机夹式车刀

（二）车刀的安装

车刀使用时必须正确安装。车刀安装的基本要求如下：

① 刀尖应与车床主轴轴线等高且与尾座顶尖对齐，刀杆应与工件的轴线垂直，其底面应平放在方刀架上。

② 刀头伸出长度应小于刀杆厚度的 4 倍，以防切削时产生振动，影响加工质量。

③ 刀具应垫平、放正、夹牢。垫片数量不宜过多，以 1～3 片为宜，一般用两个螺钉交替锁紧车刀。

④ 锁紧方刀架。

⑤ 装好工件和刀具后，检查加工极限位置是否会干涉、碰撞。

（三）车刀的刃磨

车刀在使用前，一般要经过刃磨；当车刀用钝后，也必须刃磨，以恢复其原来的形状、角度和刀刃的锋利。车刀通常是在砂轮机上刃磨，如图 5.17 所示。磨高速钢刀具要用氧化铝砂轮（一般为白色），磨硬质合金刀具要用碳化硅砂轮（一般为绿色）。车刀在砂轮机上刃磨后，还要用油石加机油将各面研磨抛光，以提高车刀的耐用度和被加工工件的表面质量。

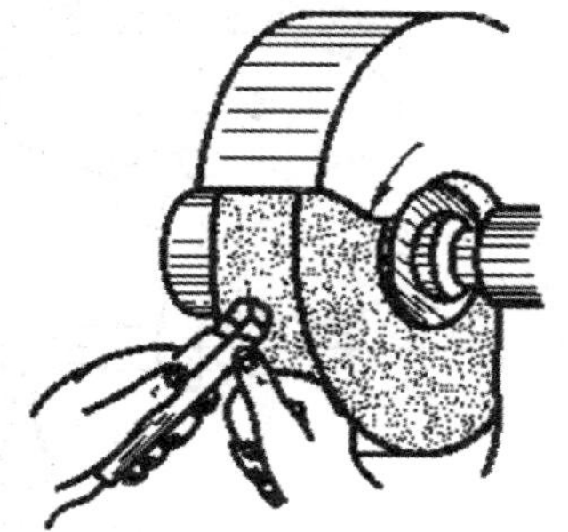

图 5.17　刃磨外圆车刀

刃磨车刀时的注意事项如下：

① 启动砂轮或磨刀时，人应站在砂轮侧面，防止砂轮破碎伤人。

② 刃磨时，双手拿稳车刀，并让受磨面轻贴砂轮。倾斜角度要合适，用力应均匀，以免挤碎砂轮，造成事故。

③ 刃磨时，车刀应在砂轮圆周面上左右移动，使砂轮磨耗均匀，避免出沟槽，不要在砂轮两侧面用力刃磨车刀，以免砂轮受力偏摆、跳动甚至破碎。

④ 刃磨高速钢车刀，刀头磨热时，应放入水中冷却，以免刀具因温升过高而软化。刃磨硬质合金车刀，刀头磨热后应将刀杆置于水内冷却，刀头不能沾水，以防止产生裂纹。

四、车床操作要点

在车削工件时，要准确、迅速地调整背吃刀量，熟练使用中滑板和小滑板的刻度盘，同时在加工中严格按照操作步骤进行。

（一）刻度盘及其手柄的使用

中滑板的刻度盘紧固在丝杠轴头上，中滑板和丝杠螺母紧固在一起。当中滑板手柄带着刻度盘转一周时，丝杠也转一周，这时螺母带动中滑板移动一个螺距。所以中滑板移动的距离可根据刻度盘上的格数来计算。其计算式为

$$\text{刻度盘每转一格中滑板带动刀架横向移动距离(mm)} = \frac{\text{丝杠螺距}}{\text{刻度盘格数}}$$

例如，C6132 车床中滑板丝杠螺距为 4 mm。中滑板刻度盘等分为 200 格，故每转一格中滑板移动的距离为 4/200＝0.02(mm)。刻度盘转一格，滑板带着车刀移动 0.02 mm，即径向背吃刀量为 0.02 mm，工件直径减少了 0.04 mm。

小滑板刻度盘主要用于控制工件长度方向的尺寸，其刻度原理及使用方法与中滑板相同。加工外圆时，车刀向工件中心移动为进刀，远离中心为退刀。而加工内孔时则与其相反。进刀时，必须慢慢转动刻度盘手柄使刻线转到所需要的格数。当手柄转过了头或试切后发现直径太小须退刀，由于丝杠与螺母之间存在间隙，会产生空行程（即刻度盘转动而溜板并未移动），因此不能将刻度盘直接退回到所需的刻度。此时一定要往相反方向全部退回，以消除空行程，然后再转到所需要的格数。如图 5.18(a)所示，要求手柄转至刻度 30，但摇过头转至刻度 40 了，此时不能将刻度盘直接退回到刻度 30，如果直接退回到刻度 30，则是错误的，如图 5.18(b)所示。正确的操作应该是反转约半周后，再转至刻度 30，如图 5.18(c)所示。

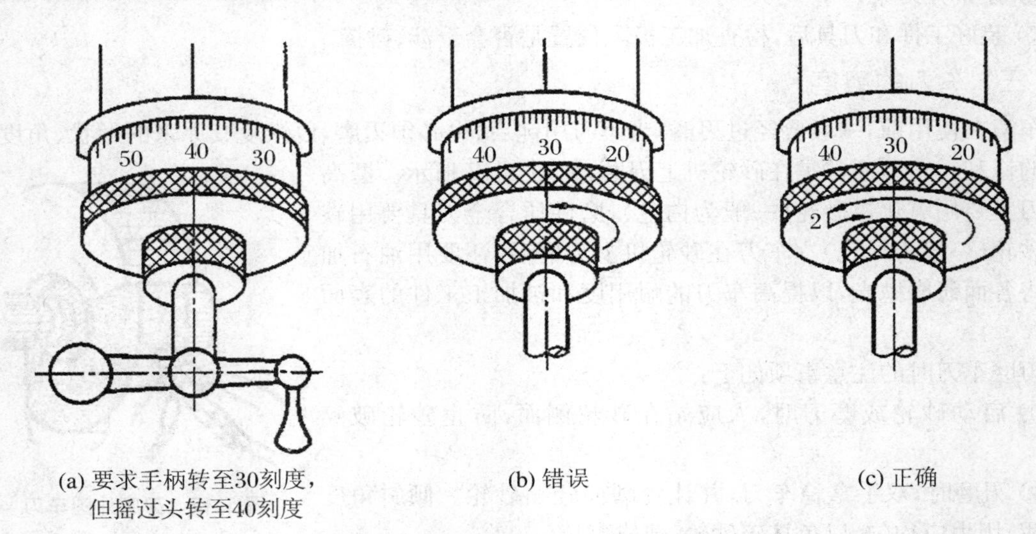

图 5.18 手柄摇过头后的纠正方法

（二）车削步骤

在正确安装工件和刀具之后，通常按以下步骤进行车削。

1. 试切

试切是精车的关键，为了控制背吃刀量，保证工件径向的尺寸精度，开始车削时，应先进行试切。

试切的方法与步骤：

① 如图 5.19(a)、(b)所示，开车对刀，使刀尖与工件表面轻微接触，确定刀具与工件的接触点，作为进切深的起点，然后向右纵向退刀，记下中滑板刻度盘上的数值。注意对刀时必须开车，因为这样可以找到刀具与工件最高处的接触点，也不容易损坏车刀。

② 如图 5.19(c)、(d)、(e)所示，按背吃刀量或工件直径的要求，根据中滑板刻度盘上的数值进切深，并手动纵向切进 1～3 mm，然后向右纵向退刀。

③ 如图 5.19(f)所示进行测量。如果尺寸合格了，就按该切深将整个表面加工完；如果尺寸偏大或偏小，就重新进行试切，直到尺寸合格。试切调整过程中，为了迅速而准确地控制尺寸，背吃刀量须按中滑板丝杠上的刻度盘来调整。

2. 切削

经试切获得合格尺寸后，就可以扳动自动走刀手柄使之自动走刀。每当车刀纵向进给至末端距离 3～5 mm 时，应将自动进给改为手动进给，以避免行程走刀超长或切削卡盘爪。如需再切削，可将车刀沿进给反方向移出，再进切深进行车削。如不再切削，则应先将车刀沿切深反方向退出，脱离工件已加工表面，再沿进给反方向退出车刀，然后停车。

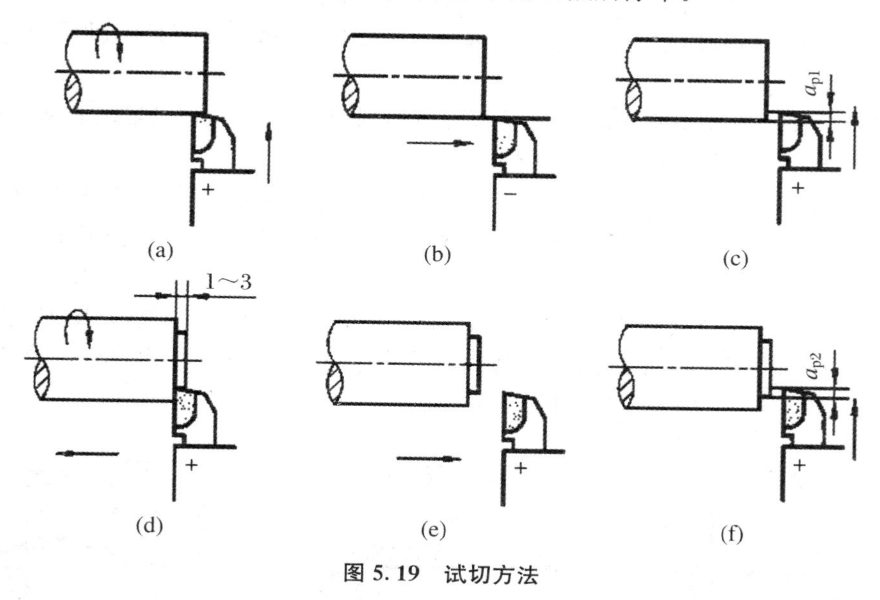

图 5.19　试切方法

3．检验

工件加工完后要进行测量检验，以确保零件的质量。

五、车削工艺

利用车床各种附件，选用不同的车刀，可以加工外圆、端面及螺纹面等各种回转面。

(一) 车端面

端面常作为轴套盘类零件的轴向定位基准，因此，车削时常先将作为基准的端面车出。

车端面时如选用右偏刀由外向中心车端面，如图 5.20(a)所示，则此时由副切削刃切削，车到中心时，凸台突然被车掉，刀头易损坏，而切削深度大时，易扎刀；如图 5.20(b)所示，如选用左偏刀由外向中心车端面，主切削刃切削，切削条件有所改善。如果如图 5.20(c)所示用弯头车刀由外向中心车端面，主切削刃切削，将凸台逐渐车掉，切削条件较好，则加工质量较高。精车中心车不带孔或带孔的端面时，可选用右偏刀由中心向外进给，由主切削刃切削，切削条件较好，能提高切削质量。如图 5.20(d)所示为用右偏刀车中心带孔的端面。

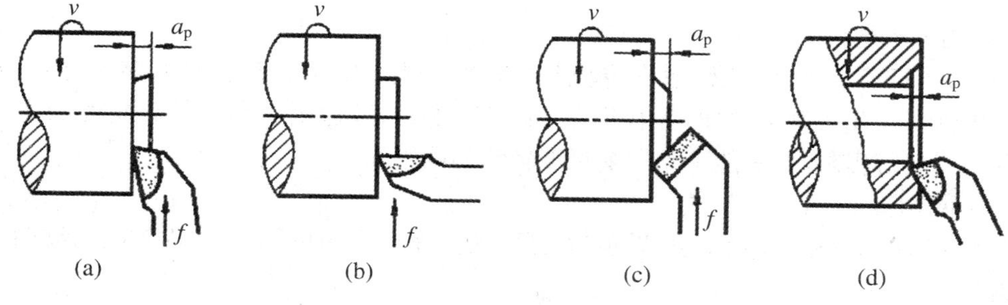

图 5.20　车端面时车刀的选择

(二) 车台阶面

台阶面是常见的零件结构,它由一段圆柱面和端面组成。

车轴上的台阶面应使用偏刀。安装时应使车刀主切削刃垂直于工件的轴线或与工件轴线约成95°。

① 当所车台阶高度小于5 mm时,应使车刀主切削刃垂直于工件的轴线,台阶可一次车出。装刀时可用90°角尺对刀,如图5.21(a)所示。

② 当车台阶高度大于5 mm时,应使车刀主切削刃与工件轴线约成95°角,分层纵向进给切削,如图5.21(b)所示。最后一次纵向进给时,车刀刀尖应紧贴台阶端面横向退出,以车出90°台阶,如图5.21(c)所示。

③ 为使台阶长度符合要求,可用钢直尺直接在工件上确定台阶位置,并用刀尖刻出线痕,以此作为加工界线;也可用卡钳从钢直尺上量取尺寸,直接在工件上划出线痕。上述方法都不够准确,为此,划线痕应留出一定的余量。

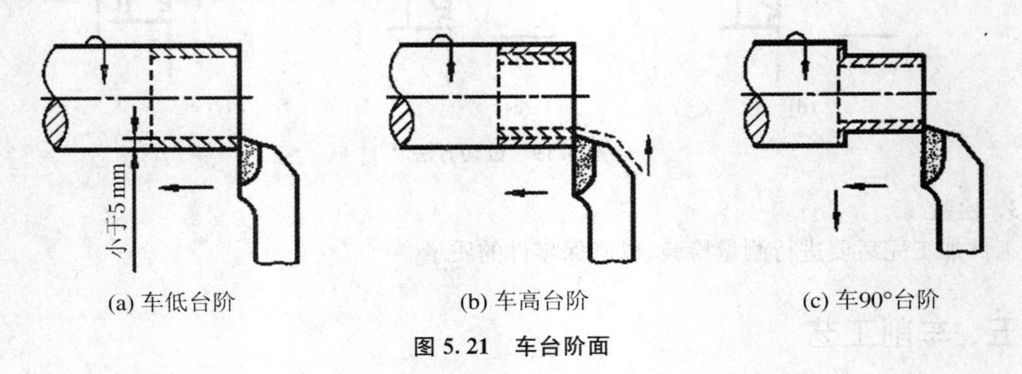

(a) 车低台阶　　(b) 车高台阶　　(c) 车90°台阶

图5.21　车台阶面

(三) 车圆锥面及成形面

在机械制造业中,除采用内外圆柱面作为配合表面外,还广泛采用内外圆锥面作为配合表面,如车床主轴的锥孔、尾座的套筒、钻头的锥柄等。这是因为圆锥面配合紧密,拆卸方便,即使多次拆卸仍能准确定心。

1. 车圆锥面

车削圆锥面的方法有四种:宽刀法、小刀架转位法、偏移尾座法和靠模法。

(1) 宽刀法

如图5.22所示,车刀的主切削刃与工件轴线间的夹角等于零件的半锥角 α。特点是加工迅速,能车削任意角度的内外圆锥面。缺点是不能车削太长的圆锥面,并要求机床与工件系统有较好的刚性。

(2) 小刀架转位法

如图5.23所示,转动小刀架,使其导轨与主轴轴线成半锥角 α 后再紧固转盘,摇小刀架进给手柄车出锥面。此法调整方便,操作简单,加工质量较好,适用于车削任意角度的内外圆锥面。但受小刀架行程限制,只能手动车削长度较短的圆锥面。

(3) 偏移尾座法

如图5.24所示,将工件置于前、后顶尖之间,调整尾座横向位置,使工件轴线与纵向走刀方向成半锥角 α。

尾座偏移量:

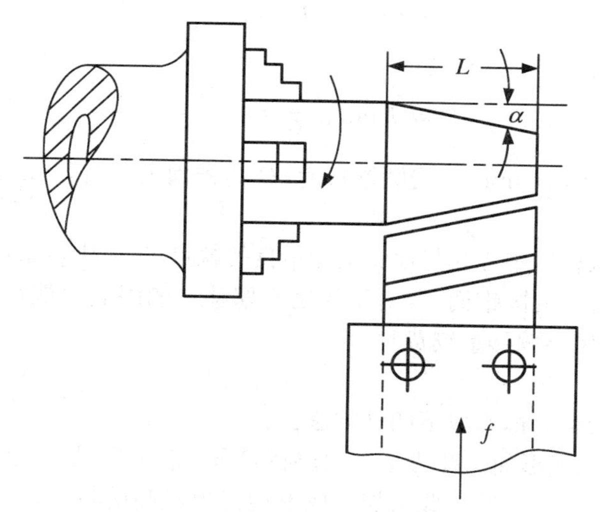

图 5.22 宽刀法

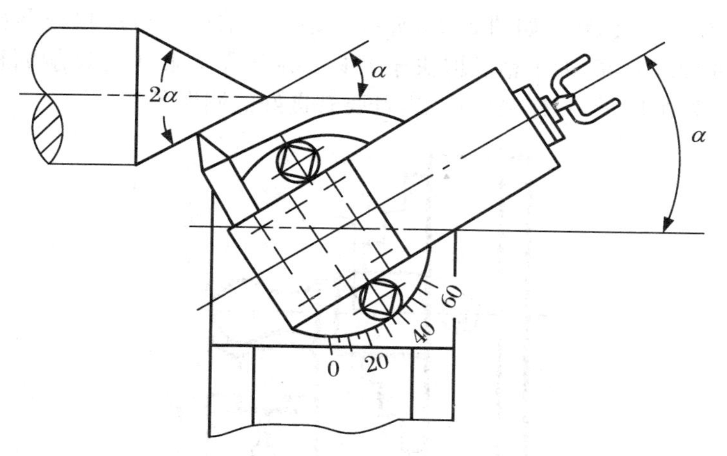

图 5.23 小刀架转位法

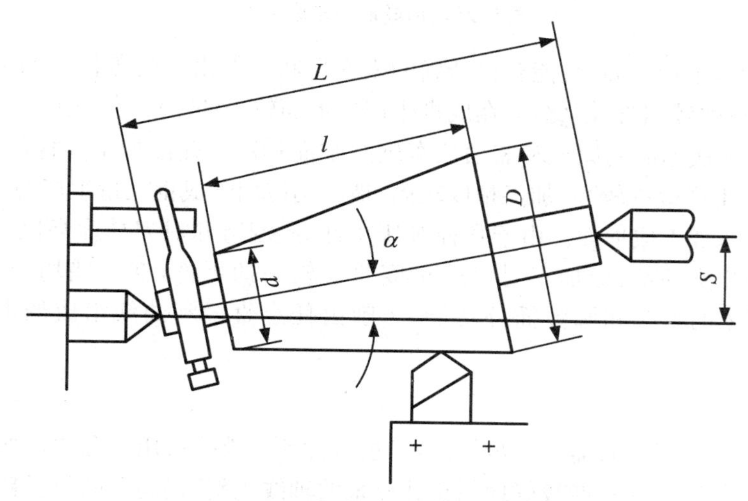

图 5.24 偏移尾座法

$$S = L\sin\alpha$$

当 α 很小时：

$$S = L\tan\alpha = L \cdot \frac{D-d}{2l}$$

式中，L 为前后顶尖间距离（mm）；l 为圆锥长度；D 为锥面大端直径（mm）；d 为锥面小端直径（mm）。

为克服工件轴线偏移后中心孔与顶尖接触不良的缺点，生产中可采用球形头顶尖。偏移尾座法能自动进给车削较长的圆锥面，但由于受尾座偏移量的限制只能加工半锥角 α 小于 8°角的外锥面，且精确调整尾座偏移量较费时。

2. 车削成形面

在车床上加工成形面一般有以下四种方法：

① 用普通车刀车削成形面。此法是手动控制成形。双手操纵中、小滑板手柄，使刀尖的运动轨迹与回转成形面的母线相符。此法加工成形面需要较高的技艺，工件成形后，还须进行锉修，生产率较低。

② 用成形车刀车削成形面，如图 5.25 所示。此法要求切削刃形状与零件表面相吻合，装刀时刃口要与工件轴线等高，加工精度取决于刀具。由于车刀和工件接触面积大，容易引起振动，因此，须采用小切削用量，只作横向进给，且要有良好的润滑条件。

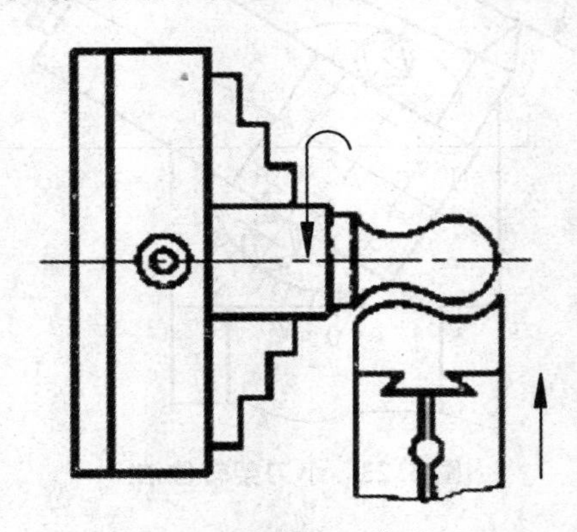

图 5.25 用成形刀车成形面

此法操作方便，生产率高，且能获得精确的表面形状。但由于受零件表面形状和尺寸的限制，且刀具制造、刃磨较困难，因此，只在成批生产成形面较短的零件时采用。

③ 用靠模车削成形面的原理和靠模法车削圆锥面相同。此法加工零件的尺寸不受限制，可采用机动进给，生产效率较高，加工精度较高，被广泛应用于成批大量生产中。

④ 用数控车床加工成形面。由于数控车床刚性好、制造和对刀精度高以及能方便地进行人工补偿和自动补偿，所以能加工对尺寸精度要求较高的零件，在有些场合可以以车代磨，可以利用数控车床的直线和圆弧插补功能，车削由任意直线和曲线组成的形状复杂的回转体零件。

（四）镗孔

钻出的孔或铸孔、锻孔若需进一步加工，可进行镗孔。镗孔可用作孔的粗加工、半精加工或精加工，加工范围很广。镗孔能较好地纠正孔原来的轴线歪斜，提高孔的位置精度。

1．镗刀的选择

镗通孔、盲孔及内孔切槽所用的镗刀，如图 5.26 所示。为了避免由于切削力而造成的“扎刀”或“抬刀”现象，镗刀伸出长度应尽可能短，以减少振动，但伸出长度应不小于镗孔深度。安装通孔镗刀时，主偏角可小于 90°，如图 5.26(a)所示；安装盲孔镗刀时，主偏角须大于 90°，如图 5.26(b)所示，否则内孔底平面不能镗平，镗孔在纵向进给至孔的末端时，再转为横向进给，即可镗出内端面与孔壁垂直良好的衔接表面。镗刀安装后，在开车前，应先检查镗刀杆装得是否正确，以防止镗孔时由于镗刀刀杆装得歪斜而使镗杆碰到已加工的内孔表面。

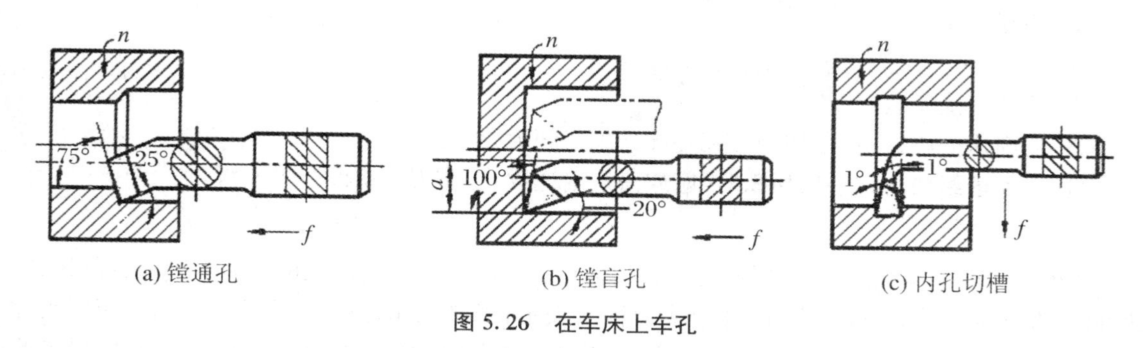

(a) 镗通孔　　(b) 镗盲孔　　(c) 内孔切槽

图 5.26　在车床上车孔

2．镗孔操作

由于镗刀杆刚性较差，切削条件不好，因此，切削用量应比车外圆时小。

粗镗时，应先进行试切，调整切削深度，然后自动或手动走刀。调整切深时，必须注意进刀横向进退方向与车外圆相反。

精镗时，背吃刀量和进给量应更小，调整背吃刀量时应利用刻度盘，并用游标卡尺检查工件孔径。当孔径接近最后尺寸时，应以很小的切深镗削，以保证镗孔精度。

(五) 车槽及切断

回转体表面常有退刀槽、砂轮越程槽等沟槽，在回转体表面上车出沟槽的方法称车槽。切断是将坯料或工件从夹持端上分离出来，主要用于圆棒料按尺寸要求下料或把加工完毕的工件从坯料上切下来。

1．切槽刀与切断刀

切槽刀(图 5.27)前端为主切削刃，两侧为副切削刃。切断刀的刀头形状与切槽刀相似，但其主切削刃较窄，刀头较长，切槽与切断都是以横向进刀为主。

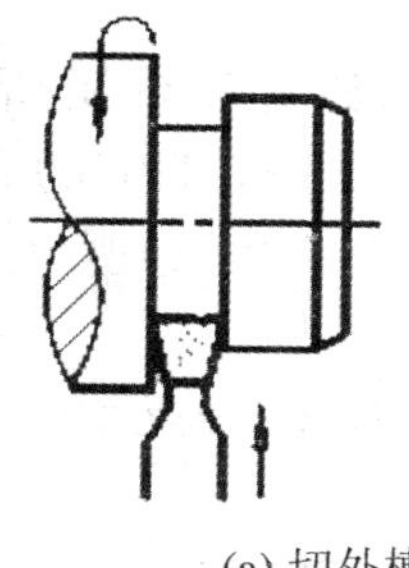

(a) 切外槽

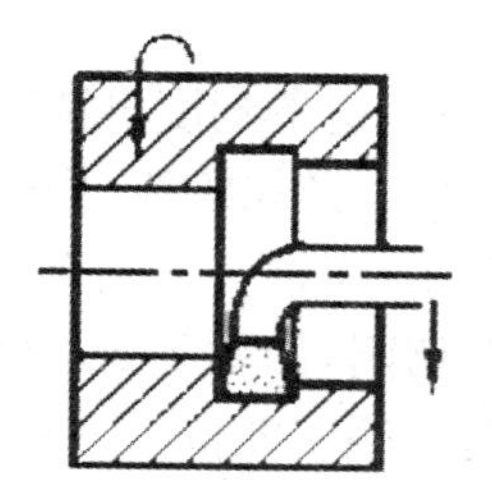

(b) 切内槽

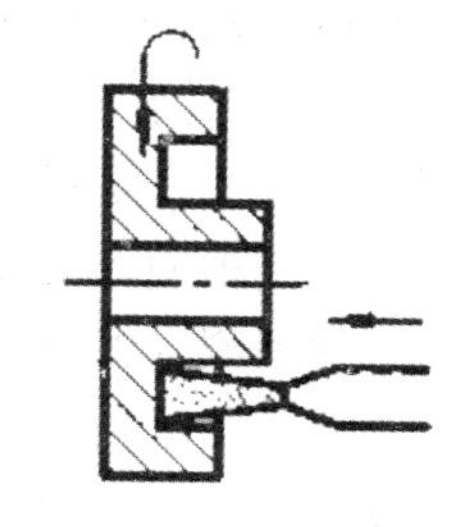

(c) 切端面槽

图 5.27　切槽刀及切断刀

2. 刀具安装

应使切槽刀或切断刀的主切削刃平行于工件轴线,两副偏角相等,刀尖与工件轴线等高。切断刀安装时刀尖必须对准工件中心。若刀尖装得过高或过低,在切断处均将剩有凸起部分,且不易切削或刀头容易折断。此外,还应注意切断时车刀伸出刀架的长度不要过长。

3. 切槽操作

① 切窄槽时,主切削刃宽度等于槽宽,在横向进刀中一次切出。

② 切宽槽时,主切削刃宽度可小于槽宽,在横向进刀中分多次切出。

4. 切断操作

① 切断处应靠近卡盘,以免引起工件振动。

② 注意正确安装切断刀。

③ 切削速度应低些,主轴和刀架各部分配合间隙要小。

④ 手动进给要均匀。快切断时,应放慢进给速度,以防刀头折断。

(六) 车螺纹

螺纹种类有很多,按牙型可分为三角形、梯形、方牙螺纹等;按标准可分为米制和英制螺纹。米制三角形螺纹牙型角为60°,用螺距或导程来表示;米制三角形螺纹牙型角为55°,用每英寸(1 in = 25.4 mm)牙数作为主要规格。各种螺纹都有左旋、右旋,单线、多线之分,其中以米制三角形螺纹即普通螺纹应用最广。普通螺纹以大径、中径、螺距、牙型角和旋向为基本要素,是螺纹加工时必须控制的部分。在车床上能车削各种螺纹,现以车削普通螺纹为例予以说明。

1. 螺纹车刀及安装

车刀的刀尖角度必须与螺纹牙型角相等,车刀前角等于零度。车刀刃磨时按样板刃磨,刃磨后用油石修光。安装车刀时,刀尖必须与工件中心等高。调整时,用对刀样板对刀,保证刀尖角的等分线严格地垂直于工件的轴线。

2. 车削螺纹操作

在车床上车削单头螺纹的实质就是使车刀的纵向进给量等于零件的螺距。为保证螺距的精度,应使用丝杠与开合螺母的传动来完成刀架的进给运动。车螺纹要经过多次走刀才能完成。当丝杠的螺距 P_s 是零件螺距 P 的整数倍时,在多次走刀过程中,可任意打开或合上开合螺母,车刀总会落入原来已切出的螺纹槽内,不会“乱扣”。若不为整数倍,则多次走刀和退刀时,均不能打开开合螺母,否则将发生“乱扣”。

车外螺纹操作步骤如下:

① 开车对刀,使车刀与工件轻微接触,记下刻度盘读数,向右退出车刀,如图5.28(a)所示。

② 合上开合螺母,在工件表面上车出一条螺旋线,横向退出车刀,停车,如图5.28(b)所示。

③ 开反车使车刀退到工件右端,停车,用钢直尺检查螺距是否正确,如图5.28(c)所示。

④ 利用刻度盘调整背吃刀量,开车切削,如图5.28(d)所示。

⑤ 将要车至行程终了时,应做好退刀停车准备,先快速退出车刀,然后停车,开反车退回刀架,如图5.28(e)所示。

⑥ 再次横向切入,继续切削,一直车至螺纹成形,并用螺纹量规检验合格为止,如图5.28(f)所示。

3．车螺纹的进刀方法

（1）直进刀法

用中滑板横向进刀，两切削刃和刀尖同时参加切削。直进刀法操作方便，能保证螺纹牙型精度，但车刀受力大、散热差、排屑难、刀尖易磨损。此法适用于车削脆性材料、小螺距螺纹或精车螺纹。

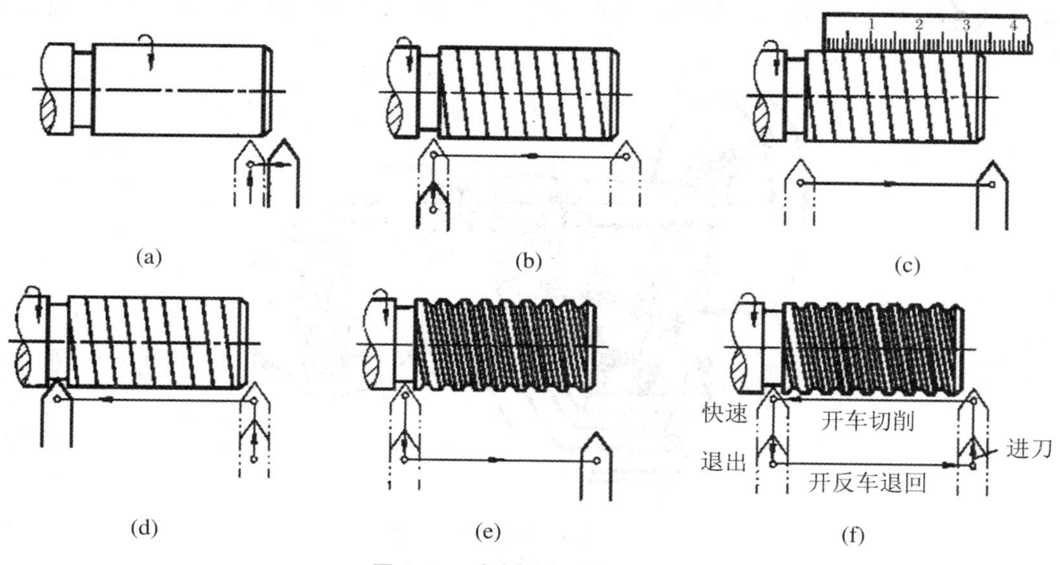

图 5.28　车削外螺纹操作步骤

（2）斜进刀法

用中滑板横向进刀和小滑板纵向进刀相配合，使车刀基本上只有一个切削刃参加切削，车刀受力小，散热、排屑有改善，可提高生产率。但螺纹牙型的一侧表面粗糙度值较大，所以在最后一刀要留有余量，用直进法进刀修光牙型两侧。此法适用于塑性材料和大螺距螺纹的粗车。

不论采用哪种进刀方法，每次的切深量要小，而总切深度由刻度盘控制，并借助螺纹量规测量。测量外螺纹用螺纹环规，测量内螺纹用螺纹塞规。

根据螺纹中径的公差，每种量规有过规、止规（塞规一般做在一根轴上，有过端、止端）。如果过规或过端能旋入螺纹，而止规或止端不能旋入，则说明所车的螺纹中径是合格的。当螺纹精度不高或单件生产且没有合适的螺纹量规时，也可用与其相配件进行检验。

4．注意事项

① 调整中、小滑板导轨上的斜铁，保证合适的配合间隙，使刀架移动均匀、平稳。

② 在由顶尖上取下工件测量时，不得松开卡箍。重新安装工件时，必须使卡箍与拨盘保持原来的相对位置，并且须对刀检查。

③ 若需在切削中途换刀，则应重新对刀。由于传动系统存在间隙，对刀时应先使车刀沿切削方向走一段距离，停车后再进行对刀。此时移动小滑板使车刀切削刃与螺纹槽相吻合即可。

为保证每次走刀时刀尖都能正确落在前次车削的螺纹槽内，所以当丝杠的螺距不是零件螺距的整数倍时，不能在车削过程中打开开合螺母，应采用正反车法。

车削螺纹时严禁用手触摸工件或用棉纱擦拭旋转的螺纹。

(七) 滚花

滚花是用滚花刀挤压工件,使其表面产生塑性变形而形成花纹。花纹一般有直纹和网纹两种,滚花刀也分直纹滚花刀和网纹滚花刀。如图 5.29 所示,滚花前,应将滚花部分的直径车削得比零件所要求尺寸大 0.15～0.8 mm;然后将滚花刀的表面与工件平行接触,且使滚花刀中心线与工件中心线等高。在滚花开始进刀时,须用较大压力,待进刀一定深度后,再纵向自动进给,这样往复滚压 1～2 次,直到滚好为止。此外,滚花时工件转速要低,通常须充分供给冷却液。

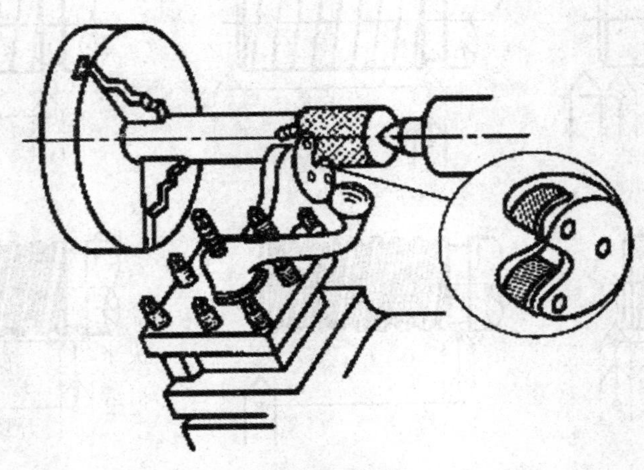

图 5.29 滚花

练一练

本章讲解了车端面、车外圆、车螺纹、滚花等车削工艺,还讲解了零件切削加工步骤安排。下面以轴类零件及盘套类零件为例来分析车削综合工艺。

(一) 轴类、盘套类零件的车削

轴是机械中用来支承齿轮、带轮等传动零件并传递扭矩的零件,是最常见的典型零件之一。盘套是机械中使用最多的零件,其结构一般由孔、外圆、端面和沟槽等组成。

1. 轴类零件的车削

一般传动轴,各表面的尺寸精度、形状精度、位置精度(如外圆面、台肩面对轴线的圆跳动)和表面粗糙度均有严格要求,长度与直径比值也较大,加工时不能一次完成全部表面,往往需要多次调头安装。为保证安装精度,且方便可靠,车削工艺中多采用双顶尖安装。

2. 盘套类零件的车削

盘套类零件其结构基本相似,工艺过程基本相仿。除尺寸精度、形状精度、表面粗糙度外,一般外圆面、端面都对孔的轴线有圆跳动要求。保证位置精度是车削工艺重点考虑的问题。加工时,通常分粗车、精车。精车时,尽可能做到"一刀活",即尽可能将有位置精度要求的外圆、端面、孔在一次安装中全部加工完成。若不能在一次安装中完成,一般先加工孔,然后以孔定位用心轴安装加工外圆和端面。

(二) 车削综合工艺

图 5.30 所示为调整手柄零件图,材料 45 钢,其车削加工过程见表 5.1。

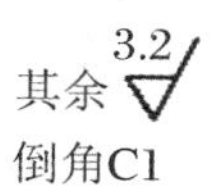

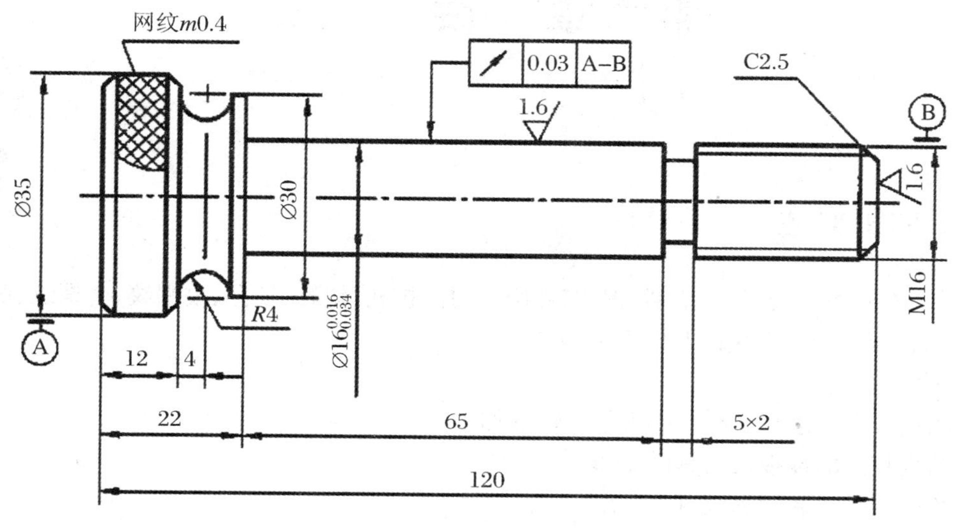

图 5.30 调整手柄零件

表 5.1 调整手柄车削加工过程

工序号	工序名称	工序内容	刀 具	设 备	装夹方法
1	下料	下料 Ø40×135		锯床 G7106	
2	车	(1) 夹 Ø40 毛坯外圆,车右端面; (2) 在右端面钻 A2.5 中心孔,用尾座顶尖顶住; (3) 车削外圆 Ø35 至 Ø35$^{+0.8}_{+0.7}$; (4) 车削 Ø30 外圆至尺寸,留长 108; (5) 滚花网纹 m0.4 至尺寸; (6) 车削 Ø16$^{-0.016}_{-0.034}$外圆至 Ø18 外圆,留长 98; (7) 车 Ø 16$^{-0.016}_{-0.034}$外圆至尺寸; (8) 车削螺纹 M16 至 Ø15.75 外圆,留长 33; (9) 车削槽 R4; (10) 车削退刀槽 5×2; (11) 倒角 C1 和 C2.5; (12) 车削螺纹 M16 至要求; (13) 切断长 120	弯头外圆车刀 中心钻 右偏刀 右偏刀 滚花刀 右偏刀 右偏刀 螺纹车刀 成形车刀 车槽刀 弯头外圆车刀 螺纹车刀 切断刀	车床 CE6136	三爪自定心卡盘及顶尖
3	检验	按图样要求检验			

注:如果是大批量生产,上述工艺过程应注意工序分散的原则,以利于组织流水线生产,而且不留工艺夹头,在两顶尖间车削 Ø16$^{-0.016}_{-0.034}$至要求尺寸。

第六章　钳　　工

一、钳工概述

钳工基本操作包括划线、凿削、锯割、锉削、钻孔、扩孔、锪孔、铰孔、攻螺纹、套螺纹、装配、刮削、研磨、矫正和弯曲、铆接以及作标记等。

钳工的工作范围主要有：

① 用钳工工具进行修配及小批量零件的加工。

② 精度较高的样板及模具的制作。

③ 整机产品的装配和调试。

④ 机器设备(或产品)使用中的调试和维修。

(一) 钳工的加工特点

钳工是一个技术工艺比较复杂、加工程序细致、工艺要求高的工种。它具有使用工具简单、加工灵活多样、操纵方便和适用面广等特点。目前虽然有各种先进的加工方法,但很多工作仍然需要钳工来完成,钳工在保证产品质量中起重要作用。

(二) 钳工常用的设备和工具

钳工常用的设备有钳工工作台、台虎钳、砂轮机、钻床、手电钻等。常用的手用工具有划线盘、錾子、手锯、锉刀、刮刀、扳手、螺钉旋具、锤子等。

1. 钳工工作台

钳工工作台简称钳台,用于安装台虎钳,进行钳工操作。有单人使用和多人使用两种,用硬质木材或钢材做成。工作台要求平稳、结实,台面高度一般以装上台虎钳后钳口高度恰好与人手肘齐平为宜。

2. 台虎钳

台虎钳是钳工最常用的一种夹持工具。凿切、锯割、锉削以及许多其他钳工操作都是在台虎钳上进行的。

钳工常用的台虎钳有固定式和回转式两种。图 6.1 所示为回转式台虎钳的结构图。台虎钳主体是用铸铁制成,有固定部分和活动部分。台虎钳固定部分由转盘锁紧螺钉固定在转盘座上,转盘座内装有夹紧盘,放松转盘锁紧手柄,固定部分就可以在转盘座上转动,以变更台虎钳方向。转盘座用螺钉固定在钳台上。连接手柄的螺杆穿过活动部分旋入固定部分上的螺母内。扳动手柄使螺杆从螺母中旋出或旋进,从而带动活动部分移动,使钳口张开或合拢,以放松或夹紧工件。

为了延长台虎钳的使用寿命,台虎钳上端咬口处用螺钉紧固着两块经过淬硬的钢质钳口。钳口的工作面上有斜形齿纹,可使工件夹紧时不致滑动。夹持零件的精加工表面时,应在钳口和工件间垫上纯铜皮或铝皮等软材料制成的护口片(俗称软钳口),以免夹坏工件表面。台虎钳规格以钳口的宽度来表示,一般为 100～150 mm。

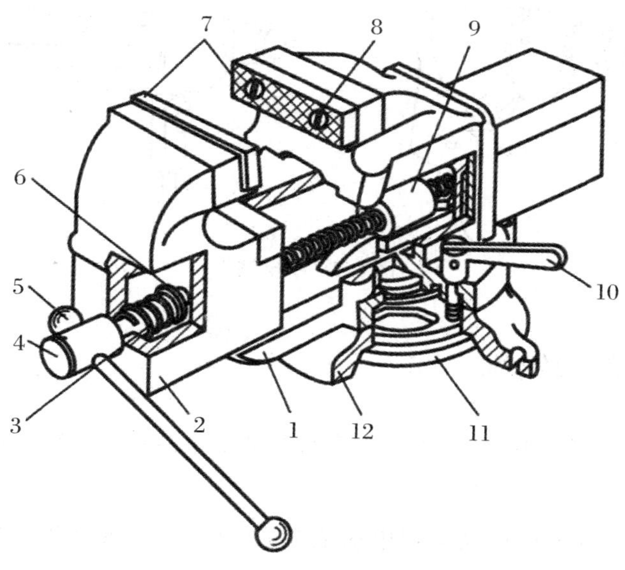

图 6.1　回转式台虎钳

1-固定部分;2-活动部分;3-弹簧;4-螺杆;5-手柄;6-挡圈;7-钳口;8-螺钉;9-螺母;
10-转盘锁紧手柄;11-夹紧盘;12-转盘座

3. 钻床

钻床是用于孔加工的一种机械设备,它的规格用可加工孔的最大直径表示,其品种、规格颇多。其中最常用是台式钻床(台钻),如图 6.2 所示。这类钻床小型轻便,一般安装在台面上使用,操作方便且转速高,适于加工中、小型零件上直径不大于 16 mm 的小孔。

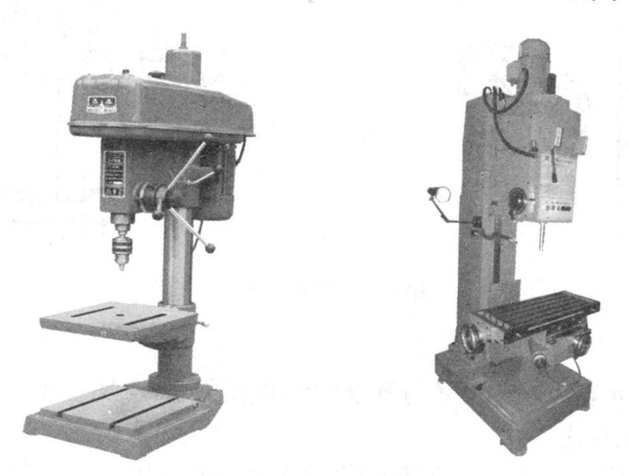

图 6.2　常见的台式钻床

4. 手电钻

图 6.3 所示为两种手电钻的外形图,其主要用于钻直径不大于 12 mm 的孔,常用于不便使用钻床钻孔的场合。手电钻的电源有单相(220 V、36 V)和三相(380 V)两种。根据用电安全条例,手电钻额定电压只允许 36 V。手电钻携带方便、操作简单、使用灵活,所以应用较广泛。

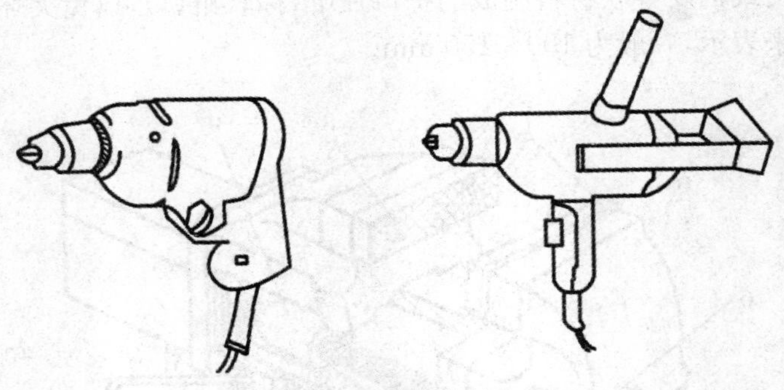

图 6.3 手电钻

二、划线、锯削和锉削

划线、锯削及锉削是钳工中主要的工序，是维修装配机器时不可缺少的钳工基本操作。

(一) 划线

根据图样要求在毛坯或半成品上划出加工图形、加工界线或加工时找正用的辅助线称为划线。

划线分平面划线和立体划线两种，如图 6.4 所示。平面划线是在零件的一个平面或几个互相平行的平面上划线。立体划线是在工作的几个互相垂直或倾斜平面上划线。

划线多数用于单件、小批量生产，新产品试制和工具、夹具、模具制造。划线的精度较低，用划针划线的精度为 0.25～0.5 mm，用高度尺划线的精度为 0.1 mm 左右。

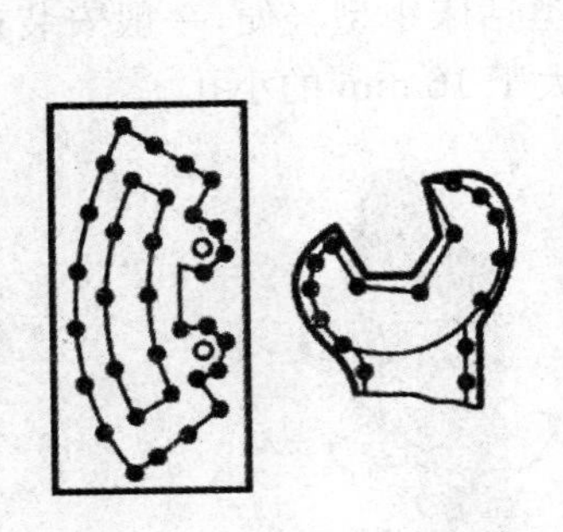

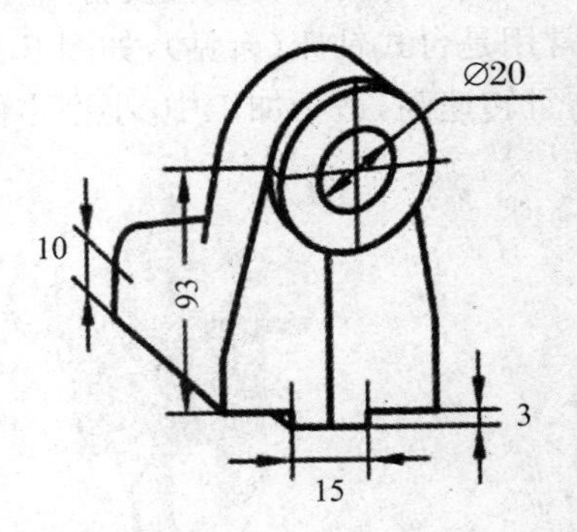

图 6.4 划线的种类

划线的目的：

① 划出清晰的尺寸界线以及尺寸与基准间的相互关系，既便于工件在机床上找正、定位，又使机械加工有明确的标志。

② 检查毛坯的形状与尺寸，及时发现和剔除不合格的毛坯。

③ 通过对加工余量的合理调整分配(即划线“借料”的方法)，使零件加工符合要求。

1. 划线工具

(1) 划线平台

划线平台又称划线平板，用铸铁制成，它的上平面经过精刨或刮削，是划线的基准平面。

(2) 划针、划线盘与划规

划针是在工件上直接划出线条的工具,如图 6.5 所示,它是由工具钢淬硬后将尖端磨锐或焊上硬质合金尖头而制成的。弯头划针可用在直线划针划不到的地方和找正工件。使用划针划线时必须使针尖紧贴钢直尺或样板。

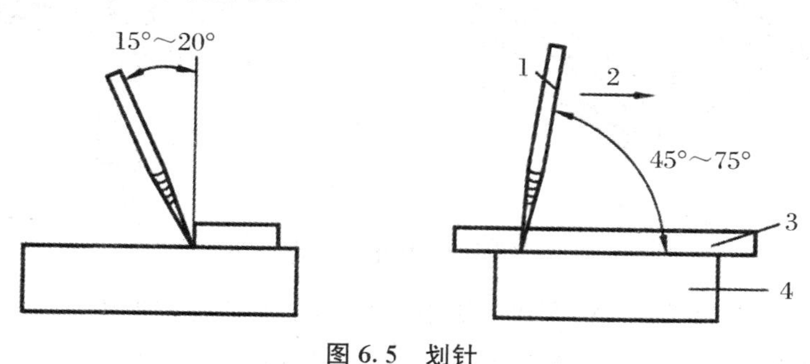

图 6.5　划针

1-划针;2-划线方向;3-钢直尺;4-工件

划线盘如图 6.6 所示,它的直针尖端焊上硬质合金,用来划与针盘平行的直线。另一端弯头针尖用来找正工件用。

常用划规如图 6.7 所示。它适合在毛坯或半成品上划圆。

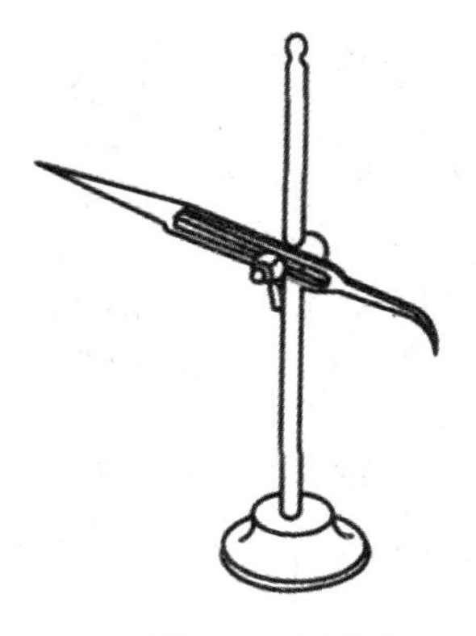

图 6.6　划线盘

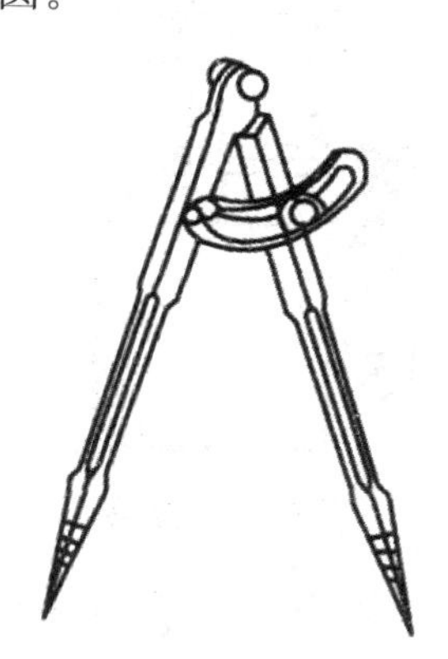

图 6.7　划规

(3) 高度游标尺与直角尺

① 高度游标尺:如图 6.8 所示,实际上是量高尺与划线盘的组合。划线脚与游标连成一体,前端镶有硬质合金,一般用于已加工面的划线。

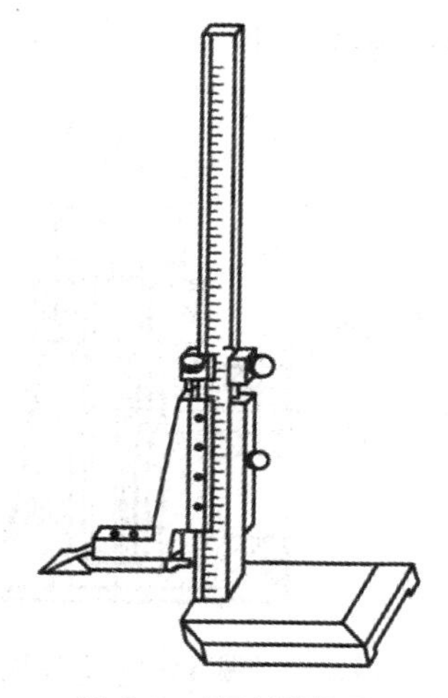

图 6.8　高度游标尺

② 直角尺(90°角尺):简称角尺。它的两个工作面经精磨或研磨后呈精确的直角。90°角尺既是划线工具又是精密量具。90°角尺分为扁 90°角尺和宽座 90°角尺两种,前者用于平面划线中,可在没有基准面的工件上划垂直线,如图 6.9(a)所示;后者用于立体划线中,可用它靠住工件基准面划垂直线,如图 6.9(b)所示,或用它找正工件的垂直线或垂直面。

(4) 支承用的工具和样冲

① 方箱:如图 6.10 所示,是用灰铸铁制成的空心长方体或立方体。它的 6 个面均经过精加工,相对的平面互相平行,相邻的平

面互相垂直。方箱用于支承划线的工件。

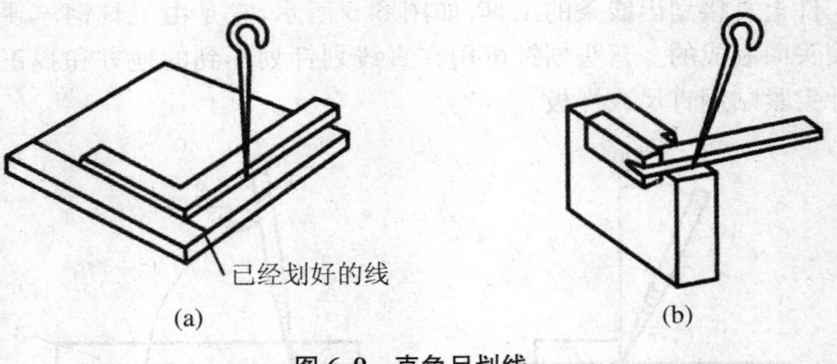

图 6.9 直角尺划线

② V 形铁：如图 6.11 所示，V 形铁主要用于安放轴、套筒等圆形工件。一般 V 形铁都是两块一副，即平面与 V 形槽是在一次安装中加工的。V 形槽夹角为 90°或 120°。V 形铁也可当方箱使用。

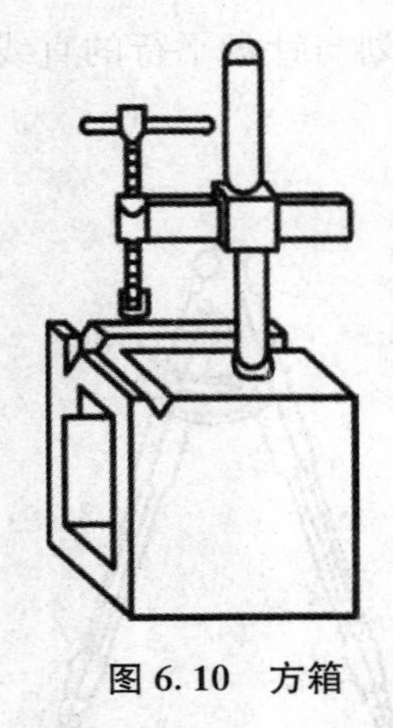

图 6.10 方箱

图 6.11 V 形铁

③ 千斤顶：如图 6.12 所示，常用于支承毛坯或形状复杂的大工件划线。使用时，三个一组顶起工件，调整顶杆的高度以此更方便地找正工件。

④ 样冲：如图 6.13 所示，样冲用工具钢制成并经淬硬。样冲用于在划好的线条上打出小而均匀的样冲眼，以免工件上已划好的线在搬运、装夹过程中因碰、擦而模糊不清，影响加工。

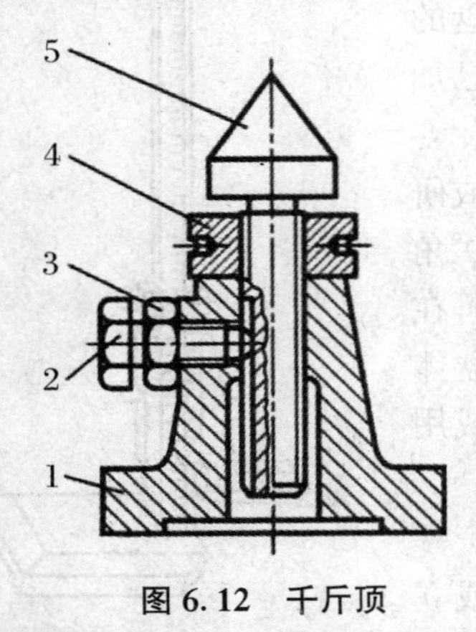

图 6.12 千斤顶

1-底座；2-导向螺钉；3-锁紧螺母；4-圆螺母；5-顶杆

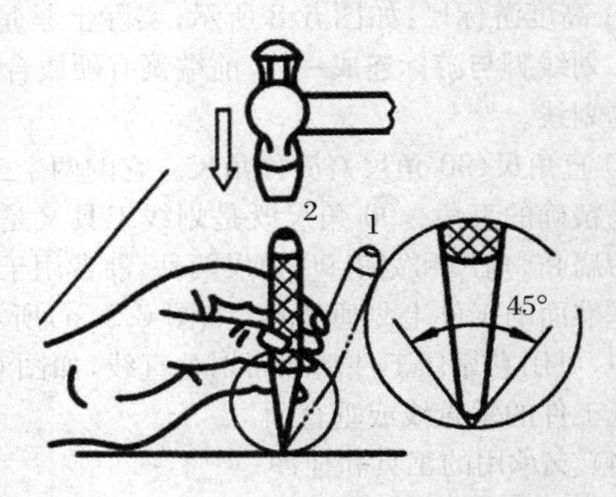

图 6.13 样冲及使用

1-对准位置；2-打样冲眼

2．划线方法与步骤

(1) 平面划线方法与步骤

平面划线的实质是平面几何作图。平面划线是用划线工具将图样按实物大小 1∶1 划到工件上去的。

① 根据图样要求，选定划线基准。

② 对工件进行划线前的准备(清理、检查、涂色，在工件孔中装中心塞块等)。在工件上划线部位涂上一层薄而均匀的涂料(即涂色)，使划出的线条清晰可见。工件不同，涂料也不同。一般在铸、锻毛坯件上涂石灰水，小的毛坯件上也可以涂粉笔，钢铁半成品上一般涂甲紫(也称"蓝油")或硫酸铜溶液，铝、铜等有色金属半成品上涂甲紫或墨汁。

③ 划出加工界线(直线、圆及连接圆弧)。

④ 在划出的线上打样冲眼。

(2) 立体划线方法与步骤

立体划线是平面划线的复合运用。它和平面划线有许多相同之处，如划线基准一经确定，其后的划线步骤大致相同。它们的不同之处在于一般平面划线应选择两个基准，而立体划线要选择三个基准。

(二) 锯削

用手锯把原材料和工件割开或在其上锯出沟槽的操作叫锯削。

1．手锯

手锯由锯弓和锯条组成。

① 锯弓。钢锯架(锯弓)有固定式和可调式两种，如图 6.14 所示。

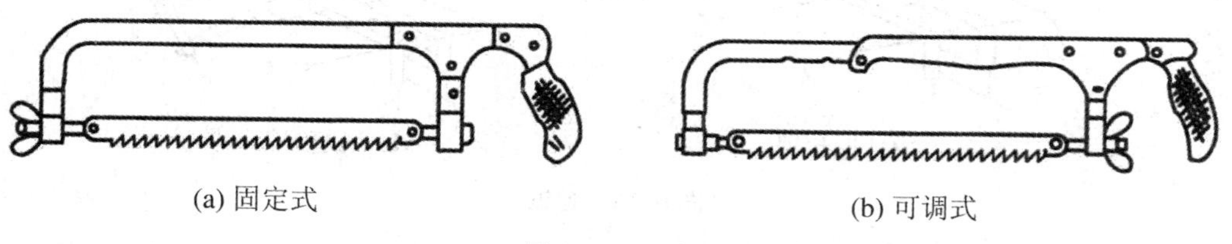

(a) 固定式　(b) 可调式

图 6.14　手锯

② 锯条。锯条一般用工具钢或合金钢制成，并经淬火和低温回火处理。锯条规格用锯条两端安装孔之间距离表示，并按锯齿齿距分为粗齿、中齿、细齿三种。粗齿锯条适用锯削软材料和截面较大的工件。细齿锯条适用于锯削硬材料和薄壁工件。锯齿在制造时按一定的规律错开排列形成锯路。

2．锯削操作要领

(1) 锯条安装

安装锯条时，锯齿方向必须朝前(图 6.14)，锯条绷紧程度要适当。

(2) 握锯及锯削操作

一般握锯方法是右手握稳锯柄，左手轻扶弓架前端。锯削时两脚立正面对台虎钳，与台虎钳的距离是胳膊的上臂长度，然后左脚跨前半步，使左右两脚后跟之间的距离 250～300 mm，身体正前方与台虎钳中心线呈大约 45°角，身体要稍向前倾大约 10°，站立位置如图 6.15 所示。锯削时推力和压力由右手控制，左手压力不要过大，主要应配合右手扶正锯弓，锯弓向前推出时加压力，回程时不加压力，在工件上轻轻滑过。锯削往复运动速度应控制在 40 次/min 左右。锯削时最好使锯条全部长度参加切削，一般锯弓的往返长度不应小于锯条长度的 2/3。

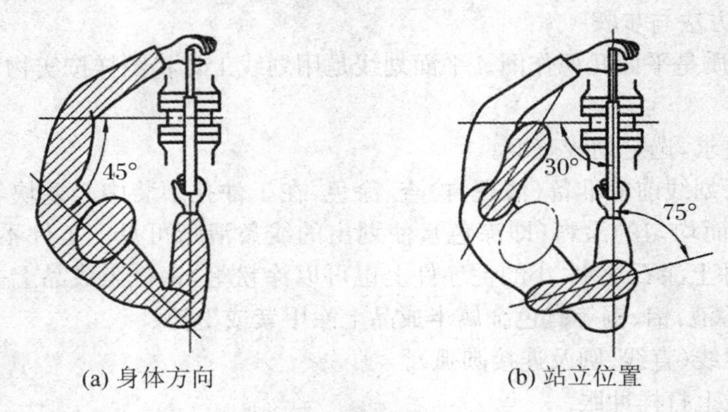

(a) 身体方向　　(b) 站立位置

图 6.15　锯削时站立位置

(3) 起锯

锯条开始切入工件称为起锯。起锯方式分为近起锯(图 6.16(a))和远起锯(图 6.16(b))。起锯时要用左手拇指指甲挡住锯条，起锯角约为 15°。锯弓往复行程要短，压力要轻，锯条要与工件表面垂直，当起锯到槽深 2～3 mm 时，起锯可结束，应逐渐将锯弓改至水平方向进行正常锯削。

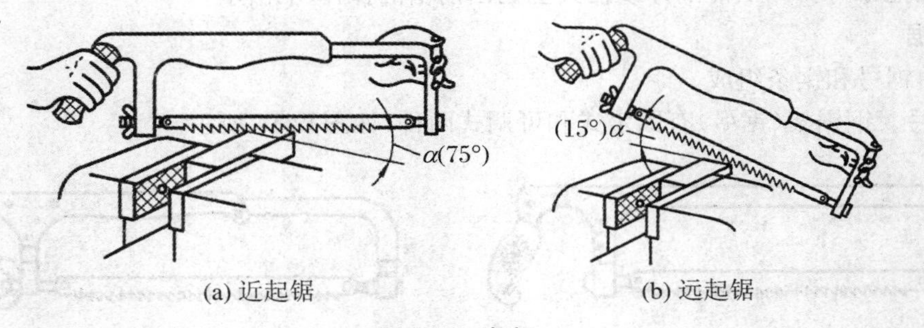

(a) 近起锯　　(b) 远起锯

图 6.16　起锯

(三) 锉削

用锉刀从工件表面锉掉多余的金属，使工件达到图样要求的尺寸、形状和表面粗糙度的操作叫锉削。锉削加工范围包括平面、台阶面、角度面、曲面、沟槽和各种形状的孔等。

1. 锉刀

锉刀是锉削的主要工具，锉刀用碳素工具钢(T12、T13)制成，并经热处理淬硬至 62～67 HRC。锉刀的构造如图 6.17 所示。

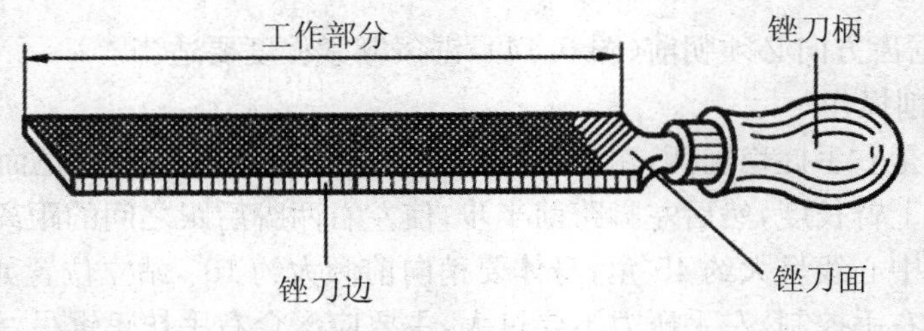

图 6.17　锉刀

锉刀分类如下：

① 锉刀按锉齿的大小可分为粗齿锉、中齿锉、细齿锉和油光锉等。

② 锉刀按齿纹可分为单齿纹和双齿纹。单齿纹锉刀的齿纹只有一个方向，与锉刀中心线成70°，一般用于锉软金属，如铜、锡、铅等。双齿纹锉刀的齿纹有两个互相交错的排列方向，先剁上去的齿纹叫底齿纹，后剁上去的齿纹叫面齿纹。底齿纹与锉刀中心线成45°，齿纹间距较疏；面齿纹与锉刀中心线成65°，间距较密。由于底齿纹和面齿纹的角度不同，间距疏密不同，所以，锉削时锉痕不重叠，锉出来的表面平整而且光滑。

③ 锉刀按断面形状(图6.18(a))可分成：板锉(平锉)，用于锉平面、外圆面和凸圆弧面；方锉，用于锉平面和方孔；三角锉，用于锉平面、方孔及60°以上的锐角；圆锉，用于锉圆孔和内弧面；半圆锉，用于锉平面、内弧面和大的圆孔。图6.18(b)所示为特种锉刀，用于加工各种零件的特殊表面。

另外，由多把各种形状的特种锉刀所组成的“什锦”锉刀，用于修锉小型零件及模具上难以机械加工的部位。普通锉刀的规格一般用锉刀的长度、齿纹类别和锉刀断面形状表示。

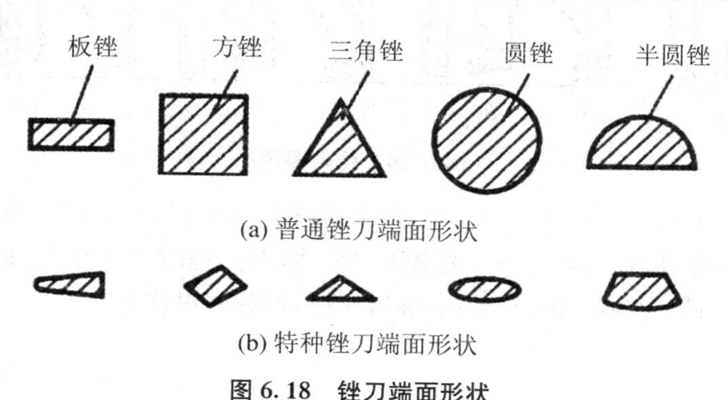

(a) 普通锉刀端面形状

(b) 特种锉刀端面形状

图6.18　锉刀端面形状

2. 锉削操作要领

(1) 握锉

锉刀的种类较多，规格、大小不一，使用场合也不同，故锉刀握法也各不相同。图6.19(a)所示为大锉刀的握法；图6.19(b)所示为中、小锉刀的握法。

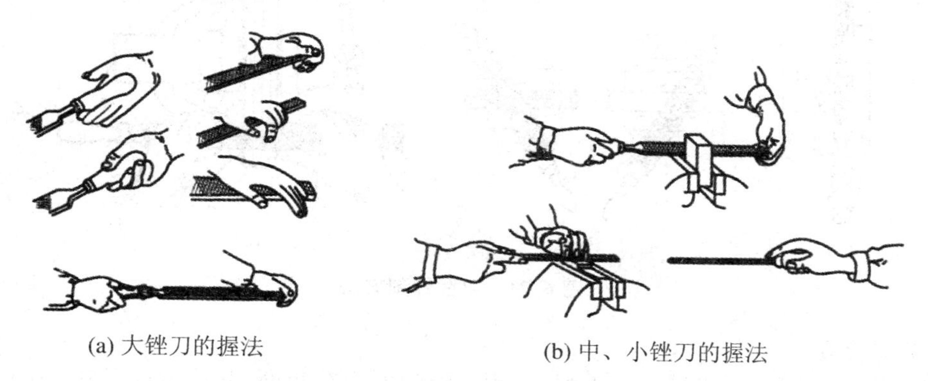

(a) 大锉刀的握法　　(b) 中、小锉刀的握法

图6.19　握锉

(2) 锉削姿势

锉削时人的站立位置与锯削相似，仅是两脚距离稍远。锉削操作姿势如图6.20所示，身体

重心放在左脚，右膝要伸直，双脚始终站稳不移动，靠左膝的屈伸而做往复运动。开始时，身体向前倾斜 10°左右，右肘尽可能向后收缩，如图 6.20(a)所示。在最初 1/3 行程时，身体逐渐前倾至 15°左右，左膝稍弯曲，如图 6.20(b)所示。其次 1/3 行程，右肘向前推进，同时身体也逐渐前倾到 18°左右，如图 6.20(c)所示。最后 1/3 行程，用右手腕将锉刀推进，身体随锉刀向前推的同时自然后退到 15°左右的位置上，如图 6.20(d)所示。锉削行程结束后，把锉刀略提起一些，身体姿势恢复到起始位置。

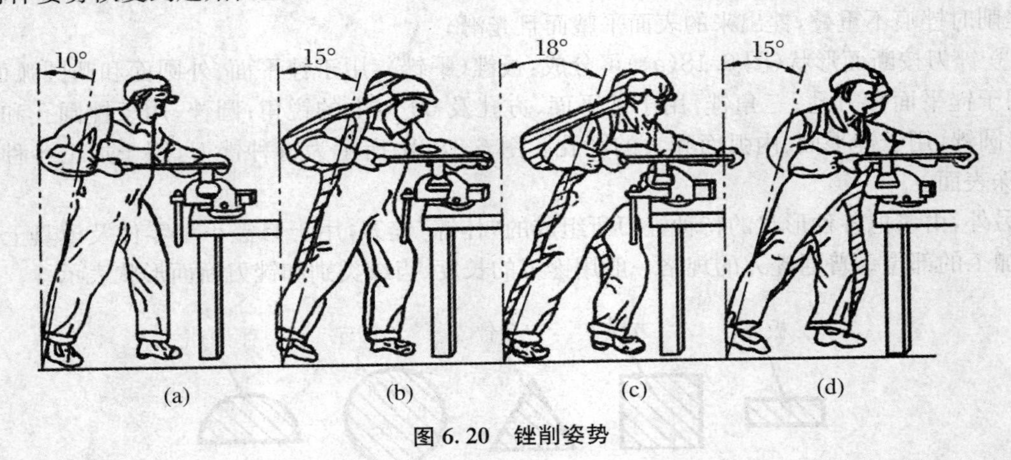

图 6.20 锉削姿势

锉削过程中，两手用力要时刻变化。开始时，左手压力大推力小，右手压力小推力大。随着推锉过程，左手压力逐渐减小，右手压力逐渐增大。锉刀回程时不加压力，以减少锉齿的磨损。锉刀往复运动速度一般为 30～40 次/min，推出时慢，回程时可快些。

3. 锉削方法

(1) 平面锉削

锉削平面的方法有三种。顺向锉法如图 6.21(a)所示；交叉锉法如图 6.21(b)所示；推锉法如图 6.21(c)所示。锉削平面时，锉刀要按一定方向进行锉削，并在锉削回程时稍作平移，这样逐步将整个面锉平。

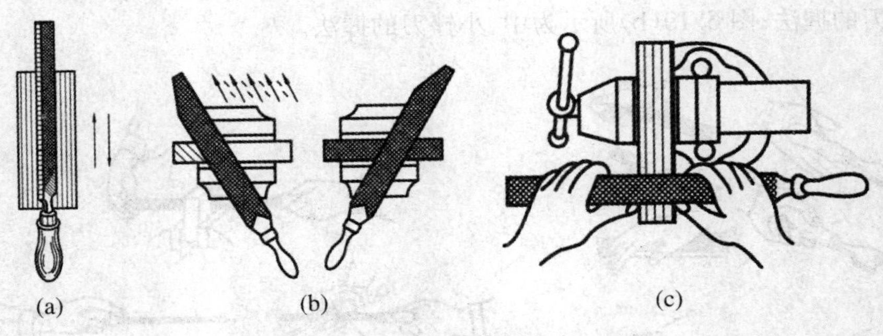

图 6.21 平面锉削方法

(2) 弧面锉削

外圆弧面一般可采用平锉进行锉削，常用的锉削方法有两种：顺锉法如图 6.22(a)所示，锉刀是横着圆弧方向锉，可锉成接近圆弧的多棱形(适用于曲面的粗加工)；滚锉法如图 6.22(b)所示，锉刀向前锉削时右手下压，左手随着上提，使锉刀在工件圆弧上作转动。

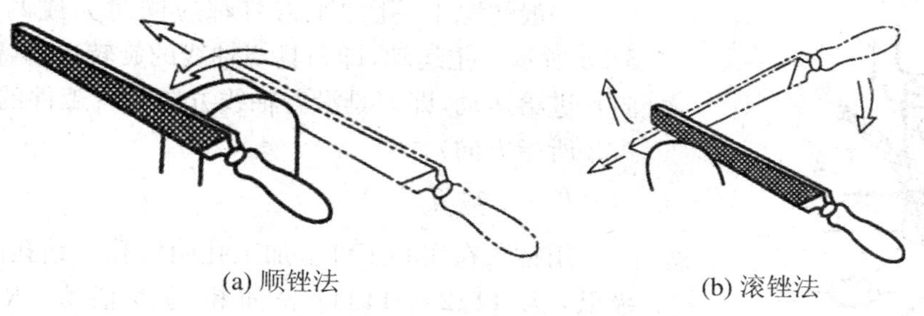

图 6.22　圆弧面锉削方法

(3) 检验工具及其使用

检验工具有刀口形直尺、90°角尺、游标角度尺等。刀口形直尺、90°角尺可检验零件的直线度、平面度及垂直度。下面介绍用刀口形直尺检验零件平面度的方法。

① 将刀口形直尺垂直紧靠在零件表面，并在纵向、横向和对角线方向逐次检查，如图 6.23 所示。

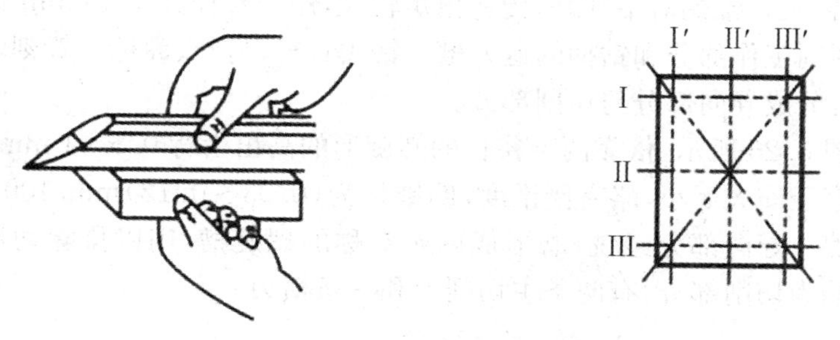

图 6.23　用刀口形直尺检验平面度

② 检验时，如果刀口形直尺与零件平面透光微弱而均匀，则该零件平面度合格；如果透光强弱不一，则说明该零件平面凹凸不平。可在刀口形直尺与零件紧靠处用塞尺插入，根据塞尺的厚度即可确定平面度的误差，如图 6.24 所示。

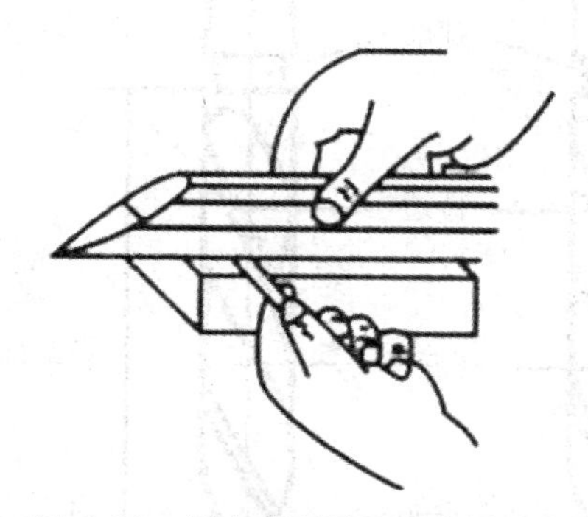

图 6.24　用塞尺测量平面度误差值

三、钻孔、扩孔和铰孔

零件上孔的加工，除一部分由车、镗、铣和磨等机床完成外，很大一部分是由钳工利用各种钻床和钻孔刀具完成的。钳工加工孔的方法一般指钻孔、扩孔和铰孔。

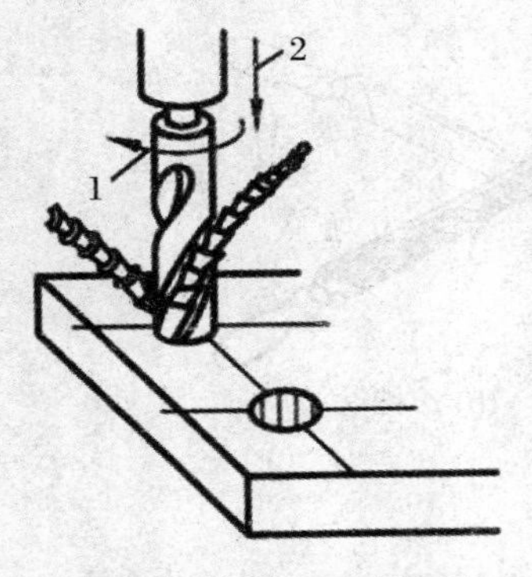

图 6.25 孔加工切削运动
1-主运动;2-进给运动

一般情况下,孔加工刀具都应同时完成两个运动,如图 6.25 所示。主运动,即刀具绕轴线的旋转运动(箭头 1 所指方向);进给运动,即刀具沿着轴线方向对着工件的直线运动(箭头 2 所指方向)。

(一) 钻孔

用钻头在实心工件上加工孔叫钻孔。钻孔的尺寸公差等级低,为 IT12 ~ IT11;表面粗糙度值大,Ra 值为 50 ~ 12.5 μm。

1. 标准麻花钻组成

麻花钻如图 6.26 所示,是钻孔的主要刀具。麻花钻用高速钢制成,工作部分经热处理淬硬至 62~65 HRC。麻花钻由钻柄、颈部和工作部分组成。

① 钻柄:供装夹和传递动力用,钻柄形状有两种:柱柄和锥柄。柱柄传递扭矩较小,用于直径 13 mm 以下的钻头。锥柄对中性好,传递扭矩较大,用于直径大于 13 mm 的钻头。

② 颈部:是磨削工作部分和钻柄的退刀槽。钻头直径、材料、商标一般刻印在颈部。

③ 工作部分:分成导向部分与切削部分。

导向部分如图 6.26 所示,依靠两条狭长的螺旋形的高出齿背 0.5~1 mm 的棱边(刃带)起导向作用。它的直径前大后小,略有倒锥度,倒锥量为(0.03~0.12)mm/100 mm,可以减少钻头与孔壁间的摩擦。导向部分经铣、磨形成两条对称的螺旋槽,用以排除切屑和输送切削液。标准麻花钻的前端为切削部分,有两条主切削刃和一条横刃。

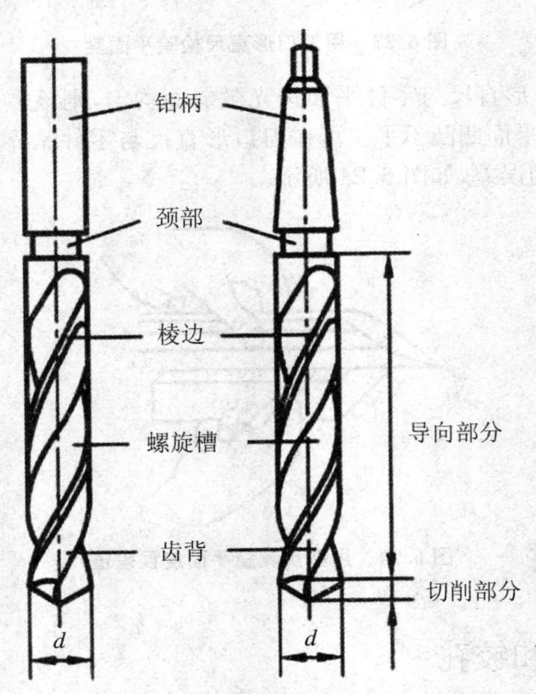

图 6.26 标准麻花钻头组成

2. 工件装夹

钻孔时,工件夹持方法与零件生产批量及孔的加工要求有关。生产批量较大或精度要求较高时,工件一般是用钻模来装夹的,单件小批生产或加工要求较低时,工件经划线确定孔中心位置后,多数装夹在通用夹具或工作台上钻孔。常用的附件有手虎钳、台虎钳、V 形铁和压板螺钉等,这些工具的使用和零件形状及孔径大小有关,如图 6.27 所示。

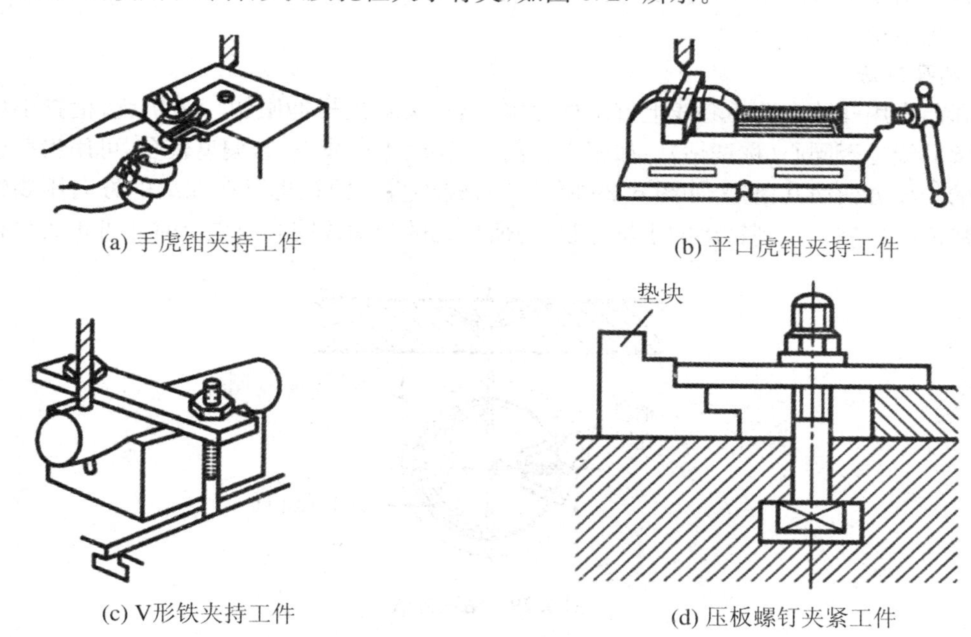

图 6.27　工件夹持方法

3. 钻头的装夹

钻头的装夹方法,按其柄部的形状不同而异。锥柄钻头可以直接装入钻床主轴锥孔内,较小的钻头可用过渡套筒安装,如图 6.28(a)所示。直柄钻头用钻夹头安装,如图 6.28(b)所示。钻夹头(或过渡套筒)的拆卸方法是将楔铁插入钻床主轴侧边的扁孔内,左手握住钻夹头,右手用锤子敲击楔铁卸下钻夹头,如图 6.28(c)所示。

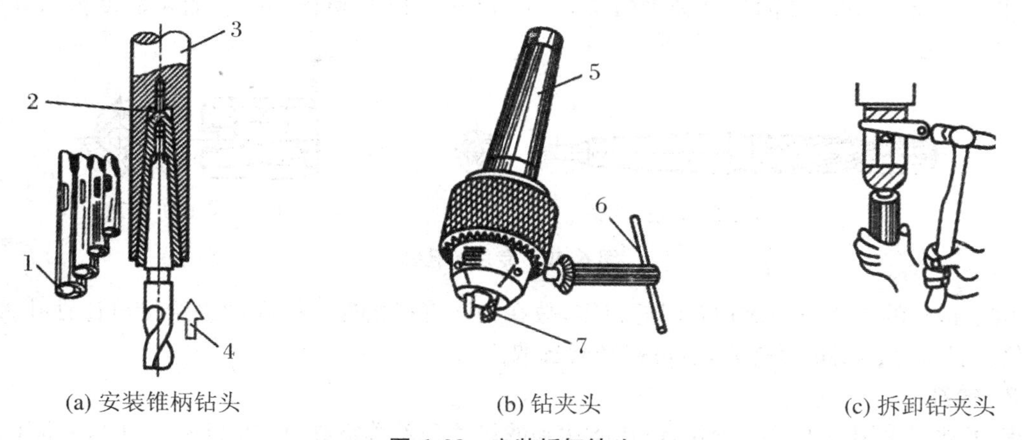

图 6.28　安装拆卸钻头

1-过渡套筒;2-锥孔;3-钻床主轴;4-安装时将钻头向上推压;5-锥柄;6-紧固扳手;7-自动定心夹爪

4．钻削用量

钻孔钻削用量包括钻头的钻削速度(m/min)或转速(r/min)和进给量(钻头每转一周沿轴向移动的距离)。钻削用量受到钻床功率、钻头强度、钻头耐用度和零件精度等许多因素的限制，因此，如何合理选择钻削用量直接关系到钻孔生产率、钻孔质量和钻头的寿命。

选择钻削用量可以用查表方法，也可以考虑零件材料的软硬、孔径大小及精度要求，凭经验选定一个进给量。

5．钻孔方法

钻孔前先用样冲在孔中心线上打出样冲眼，用钻尖对准样冲眼锪一个小坑，检查小坑与所划孔的圆周线是否同心(称试钻)。如稍有偏离，可移动工件找正，若偏离较多，可用尖凿或样冲在偏离的相反方向凿几条槽，如图 6.29 所示。对较小直径的孔也可在偏离的方向用垫铁将工件该侧垫高些再钻。直到钻出的小坑完整，与所划孔的圆周线同心或重合时才可正式钻孔。

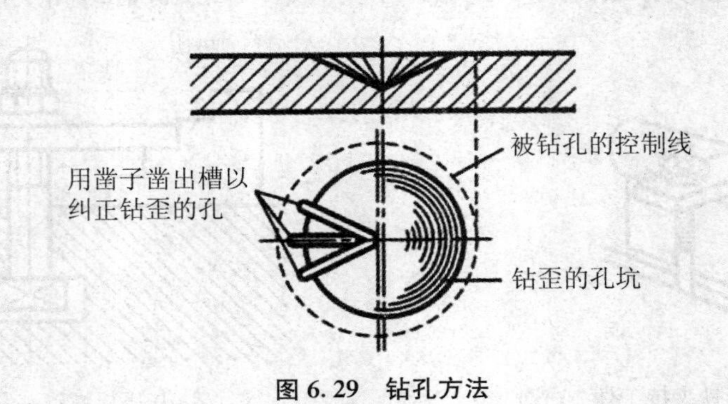

图 6.29 钻孔方法

(二) 扩孔与铰孔

用扩孔钻或钻头扩大工件上原有的孔叫扩孔。孔径经钻孔、扩孔后，用铰刀对孔进行提高尺寸精度和表面质量的加工叫铰孔。

1．扩孔

一般用麻花钻作扩孔钻扩孔。在扩孔精度要求较高或生产批量较大时，还采用专用扩孔钻(图 6.30)扩孔。专用扩孔钻一般有 3～4 条切削刃，故导向性好，不易偏斜，没有横刃，轴向切削力小，扩孔能得到较高的尺寸公差等级(可达 IT10～IT9)和较小的表面粗糙度值(Ra 值为 6.3～3.2 μm)。

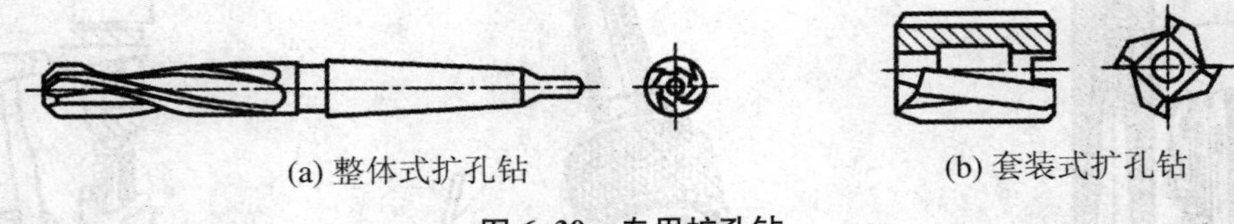

(a) 整体式扩孔钻　　(b) 套装式扩孔钻

图 6.30 专用扩孔钻

由于扩孔的工作条件比钻孔时好得多，故在相同直径情况下扩孔的进给量可比钻孔大 1.5～2 倍。扩孔钻削用量可查表，也可按经验选取。

2．铰孔

钳工常用手用铰刀进行铰孔，铰孔能达到的尺寸公差等级高(可达 IT8～IT6)，表面粗糙度值小(Ra 值为 1.6～0.4 μm)。铰孔的加工余量较小，粗铰为 0.15～0.5 μm，精铰为 0.05～

0.25 mm。

钻孔、扩孔、铰孔时，要根据工作性质、零件材料，选用适当的切削液，以降低切削温度，提高加工质量。

① 铰刀：铰刀是孔的精加工刀具。铰刀分为机铰刀和手铰刀两种，机铰刀为锥柄，手铰刀为直柄。图 6.31 所示为手铰刀。铰刀一般是制成两支一套的，其中一支为粗铰刀（它的刃上开有螺旋形分布的分屑槽），一支为精铰刀。

② 手铰孔方法：将铰刀插入孔内，两手握铰杠手柄，顺时针转动并稍加压力，使铰刀慢慢向孔内进给，注意两手用力要平衡，使铰刀铰削时始终保持与工件垂直。铰刀退出时，也应边顺时针转动边向外拔出。

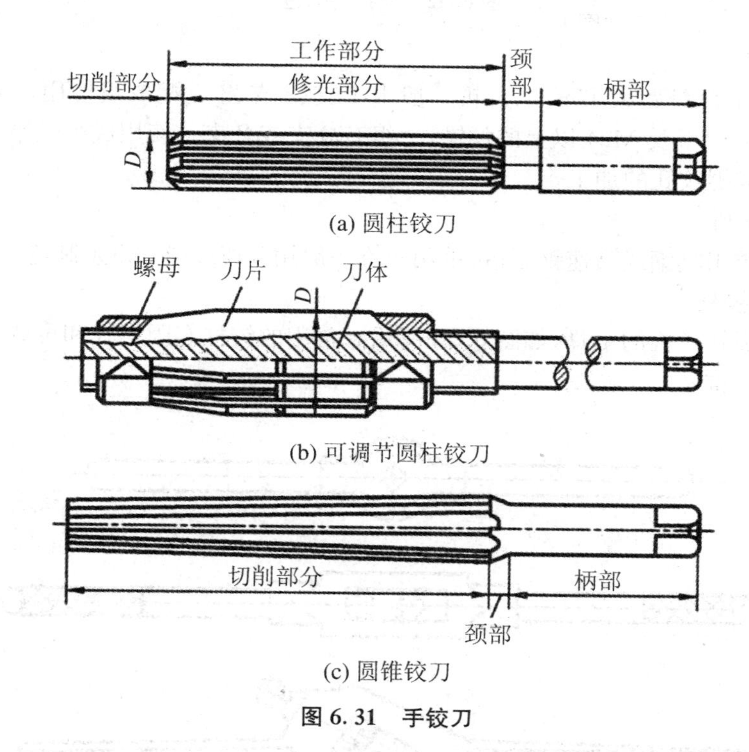

图 6.31　手铰刀

四、攻螺纹和套螺纹

常用的三角形螺纹零件，除采用机械加工外，还可以用钳工攻螺纹和套螺纹的方法获得。

（一）攻螺纹

攻螺纹是用丝锥加工出内螺纹。

1．丝锥

（1）丝锥的结构

丝锥是加工小直径内螺纹的成形工具，如图 6.32 所示。它由切削部分、校准部分和柄部组成。切削部分磨出锥角，以便将切削负荷分配在几个刀齿上；校准部分有完整的齿形，用于校准已切出的螺纹，并引导丝锥沿轴向运动；柄部有方榫，便于装在铰杠内传递扭矩。

丝锥切削部分和校准部分一般沿轴向开有 3～4 条容肩槽以容纳切肩，并形成切削刃和前

角 γ_o，在切削部分的锥面上铲磨出后角 α_o，为了减少丝锥的校准部对工件材料的摩擦和挤压，它的外、中径均有倒锥度。

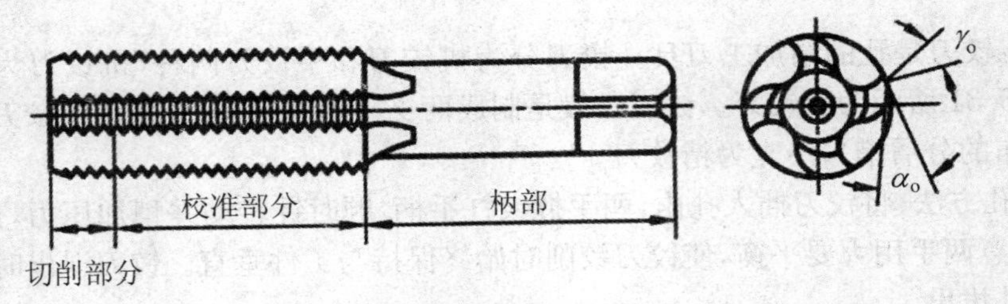

图 6.32 丝锥的构造

(2) 成组丝锥

由于螺纹的精度、螺距大小不同，丝锥一般由 1 支、2 支、3 支配成组使用。M6～M24 的丝锥一组有 2 支；M6 以下及 M24 以上的丝锥，一组有 3 支或 2 支。使用成组丝锥攻螺纹孔时，要按顺序使用来完成螺纹孔的加工。

(3) 丝锥的材料

常用高碳优质工具钢或高速钢制造，手用丝锥一般用 T12A 或 9SiCr 制造。

2. 手用丝锥铰杠

丝锥铰手是扳转丝锥的工具，如图 6.33 所示。常用的铰杠有固定式和可调节式，以便夹持各种不同尺寸的丝锥。

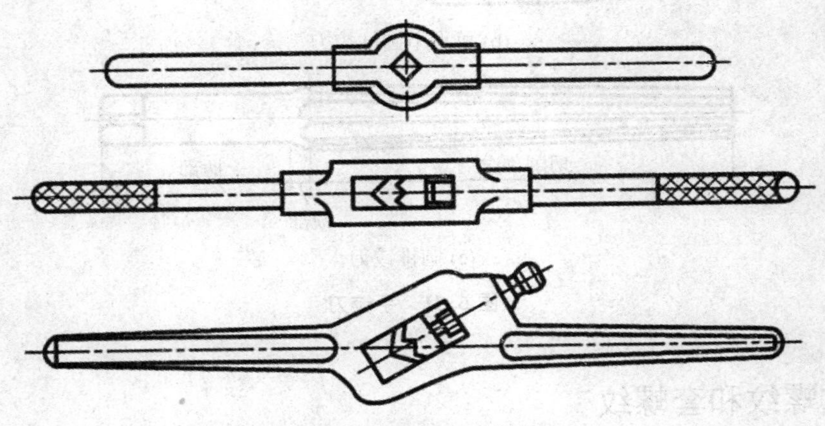

图 6.33 手用丝锥铰杠

3. 攻螺纹方法

① 攻螺纹前的孔径 d（钻头直径）略大于螺纹小径（因为攻螺纹时，丝锥有挤压金属的作用，使螺纹牙顶要突起一部分）。其选用丝锥尺寸可查表，也可按经验公式计算：

对于攻普通螺纹，加工钢料及塑性金属时：

$$d = D - p$$

加工铸铁及脆性金属时：

$$d = D - 1.1p$$

式中，D 为螺纹大径；p 为螺距。

若孔为盲孔，由于丝锥不能攻到底，所以钻孔深度要大于螺纹长度，其尺寸按下列公式计算

$$孔的深度 = 螺纹长度 + 0.7D$$

② 手工攻螺纹的方法如图 6.34 所示。

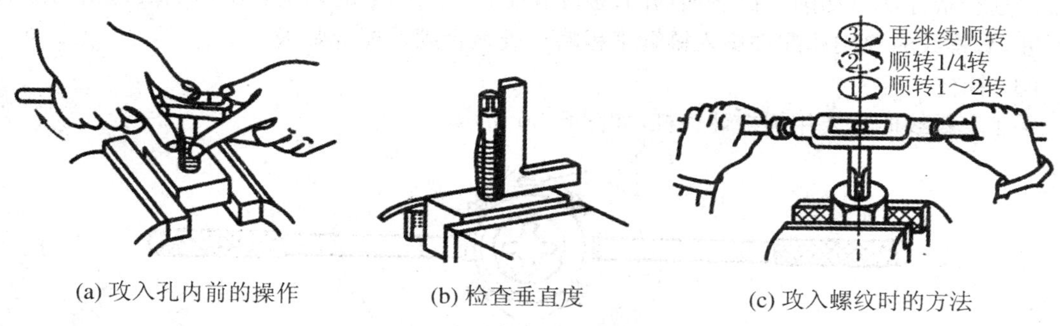

(a) 攻入孔内前的操作　　(b) 检查垂直度　　(c) 攻入螺纹时的方法

图 6.34　手动攻螺纹的方法

双手转动铰杠，并轴向施加压力，当丝锥切入工件 1～2 牙时，用 90°角尺检查丝锥是否歪斜，如丝锥歪斜，要纠正后再往下攻。当丝锥位置与螺纹底孔端面垂直后，轴向就不再加压力。两手均匀用力，为避免切屑堵塞，要经常倒转 1/4～1/2 圈，以便断屑。头锥、二锥应依次攻入。攻铸铁材料螺纹时加煤油而不加切削液，而钢件材料则加切削液，以保证铰孔表面的粗糙度要求。

（二）套螺纹

套螺纹是用板牙在圆杆上加工出外螺纹。

1. 套螺纹的工具

（1）圆板牙

圆板牙是加工外螺纹的工具。圆板牙如图 6.35 所示，就像一个圆螺母，不过上面钻有几个屑孔并形成切削刃。板牙两端带 2ϕ 的锥角部分是切削部分，它是铲磨出来的阿基米德螺旋面，有一定的后角；当中一段是校准部分，也是套螺纹时的导向部分。板牙一端的切削部分磨损后可调头使用。

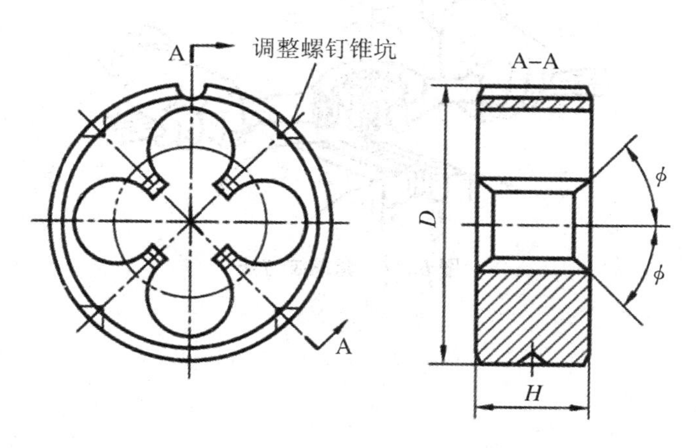

图 6.35　板牙

用圆板牙套螺纹的精度比较低，可用它加工 8h 级、表面粗糙度 Ra 值为 3.2～6.3 μm 的螺纹。圆板牙一般用合金工具钢 9SiCr 或高速钢 W18Cr4V 制造。

(2) 圆锥管螺纹板牙

圆锥管螺纹板牙的基本结构与普通圆板牙一样，因为管螺纹有锥度，所以只在单面制成切削锥。这种板牙所有切削刃都参加切削，板牙在工件(锥管)上的切削长度影响其与相配件的配合尺寸，套螺纹时要用相配件旋入锥管来粗略检查是否满足配合要求。

(3) 铰杠

手工套螺纹时需要用圆板牙铰杠，如图 6.36 所示。

图 6.36　铰杠

2. 套螺纹方法

(1) 套螺纹前圆杆直径的确定

可通过直接查表的方式来确定圆杆直径，也可按圆杆直径 $d = D - 0.13p$ 的经验公式计算得到。

(2) 套螺纹操作

套螺纹的方法如图 6.37 所示，将板牙套在圆杆头部倒角处，并保持板牙与圆杆垂直，右手握住铰杠的中间部分，加适当压力，左手将铰杠的手柄朝顺时针方向转动，在板牙切入圆杆 2～3 牙时，检查板牙是否歪斜，如发现歪斜，应纠正后再套，当板牙位置正确后，再往下套就不加压力了。套螺纹和攻螺纹一样，应经常倒转以切断切屑。套螺纹应加切削液，以保证螺纹的表面粗糙度达到要求。

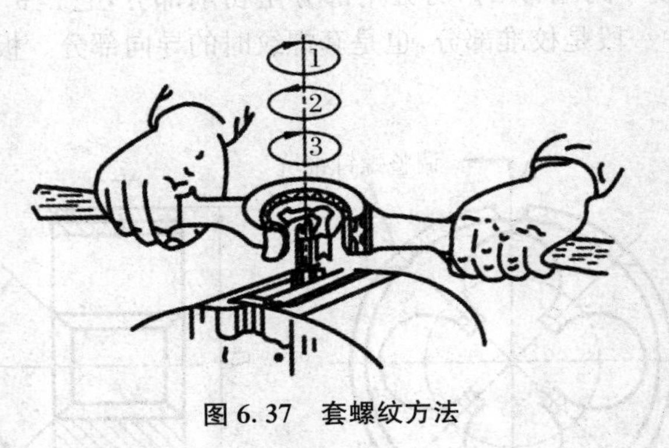

图 6.37　套螺纹方法

练一练

(一) 工件名称

六棱柱的加工。

（二）实习工件图

实习工件如图 6.38 所示。

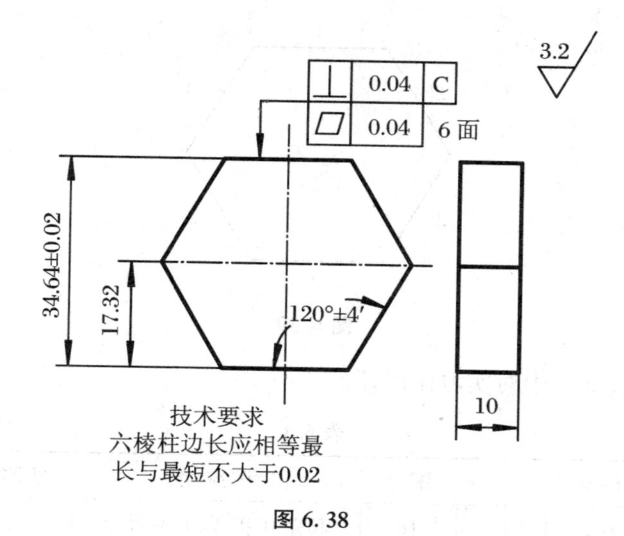

图 6.38

（三）实训目标及要求

① 掌握使用分度头划线。

② 掌握锉削六棱柱的方法。

③ 操作方法正确，线条清晰，线性尺寸准确。

④ 掌握具有对称度要求工件的加工和测量方法。

（四）准备

工、量、夹具的准备：分度头、游标卡尺、高度游标卡尺、三爪卡盘、常用划线工具。

检查毛坯：检查毛坯尺寸是否符合要求，检查各项行位精度是否符合要求，去除尖角、毛刺。

（五）指导

① 分析工件图，讲解相关工艺：

依 $n=40/Z$ 则六棱柱 $Z=6$，$n=40/6=6+2/3$。即每划完一条线，在划第二条线时需转过 6 整周加在某一孔圈上转过 2/3 周。为使分母与分度盘上已有的某个孔圈的孔圈相符，可把分母、分子同时扩大成 10/15 或 22/33。根据经验，应尽可能选用孔数较多的圈，这样摇动方便，准确度也高。所以我们选用 33 孔的孔数，在此孔圈内摇过 22 个孔距即可。

② 编制加工工艺及步骤：

步骤一：备料 Ø40×10 的棒料，修好基准。

步骤二：在分度头上分 6 等份，去料。

步骤三：锉削 1′面保证尺寸 34.64 达到尺寸精度。

步骤四：锉削 2 面保证角度 120°与 1 面，锉削 2′面保证尺寸 34.64 及与 1′面的角度为 120°。

步骤五：锉削 3 面保证与 2 面的角度为 120°，锉削 3′面保证尺寸 34.64 和与 1′面、2′面的角度。

步骤六：去毛刺，检测全部尺寸，交件。

③ 注意事项：

注意六棱柱的划线；锉削六棱柱的顺序；控制边长相等，如图 6.39 所示。

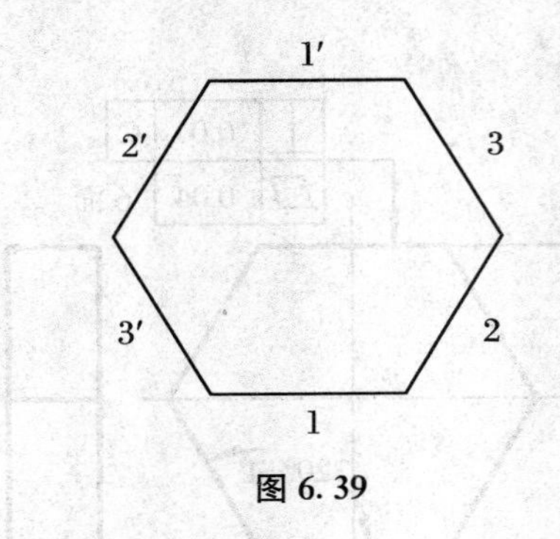

图 6.39

④ 成绩评定：在表 6.1 中对实习作出评价。

表 6.1

序号	考核要求	配分	评分标准	实测结果	得分
1	34.64±0.02（3 处）	18	超差 0.01 以上不得分		
2	120°±4′（6 处）	24	超差不得分		
3	⊥ 0.04 C（6 处）	18	超差不得分		
4	▱ 0.04（6 处）	24	超差不得分		
5	*Ra*3.2（6 处）	6	升高一级不得分		
6	安全文明生产	10	看情节轻重着重扣分		

第七章　铣　　削

铣削加工是机械制造业中重要的加工方法。铣削加工范围广泛，可加工各种平面、沟槽和成形面，还可进行切断、分度、钻孔、铰孔、镗孔等操作，如图 7.1 所示。在切削加工中，铣床的工作量仅次于车床，在批量的生产中，除加工狭长的平面外，铣削几乎代替刨削。

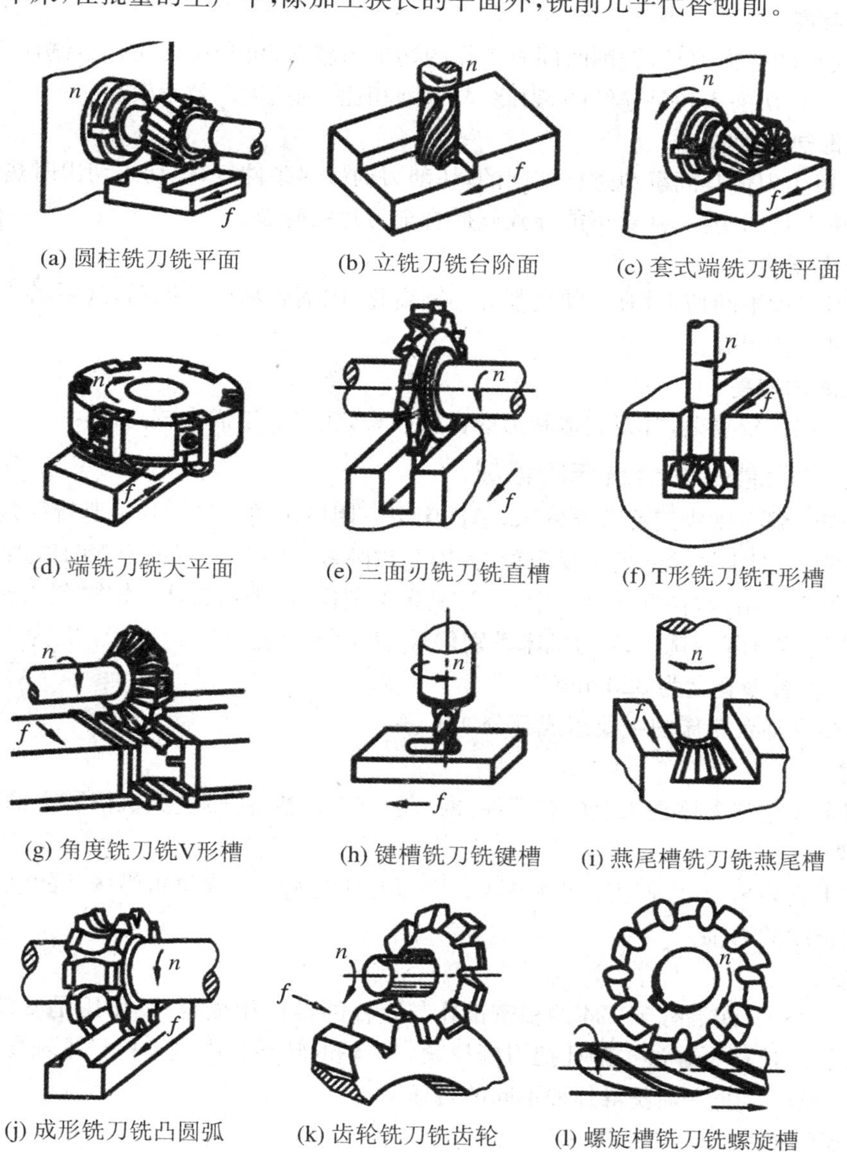

图 7.1　铣削加工的主要应用范围

铣削加工的尺寸公差等级为IT8～IT7，表面粗糙度 Ra 值为3.2～1.6 μm。若以高的切削速度、小的背吃刀量对非铁金属进行精铣，则表面粗糙度 Ra 值可达0.4 μm。铣削加工的设备是铣床，铣床可分为卧式铣床、立式铣床和龙门铣床三大类。在每一大类中，还可以细分为不同的专用型铣床，如圆弧铣床、端面铣床、工具铣床、仿形铣床等。

一、铣削概述

铣削加工具有加工范围广、生产率高等优点，因此得到广泛的应用。

(一) 铣削加工的特点

1. 生产率高

铣刀是典型的多齿刀具，铣削时同时工作的切削刃较多，可利用硬质合金镶片刀具，采用较大的切削用量，且切削运动是连续的，因此，与刨削相比，铣削生产效率较高。

2. 刀齿散热条件较好

铣削时，每个刀齿是间歇地进行切削的，切削刃的散热条件好，但切入切出时热的变化及力的冲击将加速刀具的磨损，甚至可能导致硬质合金刀片的碎裂。

3. 易产生振动

由于铣刀刀齿不断切入切出，使铣削力不断变化，因而容易产生振动，这限制了铣削生产率和加工质量进一步提高。

4. 加工成本较高

由于铣床结构较复杂，铣刀制造和刃磨比较困难，使得加工成本较高。

(二) 卧式万能升降台铣床的组成

卧式万能升降台铣床简称万能铣床，是铣床中应用最多的一种。其主要特征是主轴轴线与工作台台面平行，即主轴轴线处于横卧位置，因此称卧铣。图7.2所示为X6132卧式万能升降台铣床外形及主要结构，在型号名称中，X为机床类别代号，表示铣床，读作“铣”；6为机床组别代号，表示为卧式升降台铣床；1为机床系别代号，表示为万能升降台铣床；32为工作台面宽度的1/10，即工作台面宽度为320 mm。

卧式万能升降台铣床的主要组成部分如下：

1. 床身

床身用来固定和支撑铣床上所有部件，内部装有电动机、主轴变速机构和主轴等。

2. 悬梁

横梁用于安装吊架，以便支撑刀杆外端，增强刀杆的刚性。横梁可沿床身的水平导轨移动，以适应不同长度的刀轴。

3. 主轴

主轴是空心轴，前端有7∶24的精密锥孔与刀杆的锥柄相配合，其作用是安装铣刀刀杆并带动铣刀旋转。拉杆可穿过主轴孔把刀杆拉紧。主轴的转动是由电动机经主轴变速箱传动的，改变手柄的位置，可使主轴获得各种不同的转速。

4. 上向工作台

纵向工作台用于装夹夹具和工件，可在转台的导轨上由丝杠带动做纵向移动以带动台面上的工件做纵向进给。

5．下向工作台

横向工作台位于升降台上面的水平导轨上，可带动纵向工作台一起做横向进给。

6．升降台

升降台可使整个工作台沿床身垂直导轨上、下移动，以调整工作台面到铣刀的距离，并做垂直进给。升降台内部装置着供进给运动用的电动机及变速机构。

7．底座

底座是整个铣床的基础，承受铣床的全部重量及提供盛放切削液的空间。

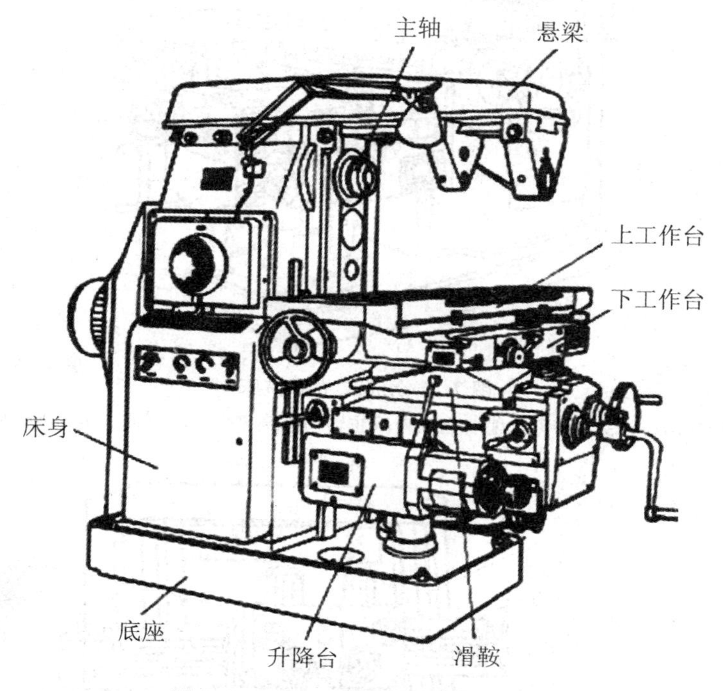

图 7.2　X6132 卧式万能升降台铣床

（三）其他铣床

1．立式升降台铣床

立式升降台铣床简称立式铣床，如图 7.3 所示。立式铣床与卧式铣床的主要区别是立式铣床主轴与工作台面垂直，此外，它没有横梁、吊架和转台。有时根据加工需要，可以将立铣头左、右倾斜一定的角度。铣削时铣刀安装在主轴上，由主轴带动做旋转运动，工作台带动工件做纵向、横向、垂向移动。

2．龙门镗铣床

龙门镗铣床属大型机床，它一般用来加工卧式、立式铣床所不能加工的较大或较重的零件。落地龙门镗铣床可细分有单轴、双轴、四轴等多种类型，图 7.4 所示为四轴落地龙门镗铣床，它可以同时用几个铣头对工件的几个表面进行加工，故在实际生产率高，适合成批大量生产。

（四）铣削方式

1．周铣法

用圆柱铣刀的圆周刀齿加工平面，称为周铣法。周铣可分为逆铣和顺铣。

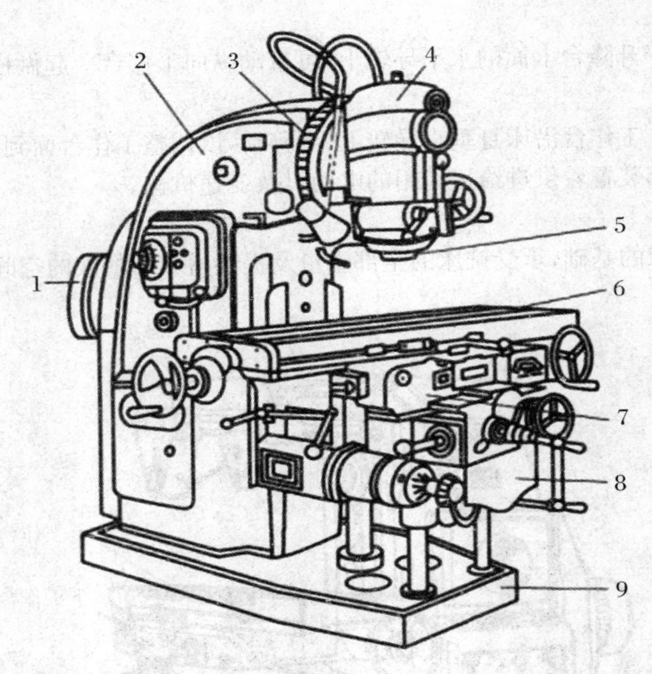

图 7.3 X5032 立式铣床

1-电动机;2-床身;3-立铣头旋转刻度盘;4-立铣头;5-主轴;6-纵向工作台;7-横向工作台;8-升降台;9-底座

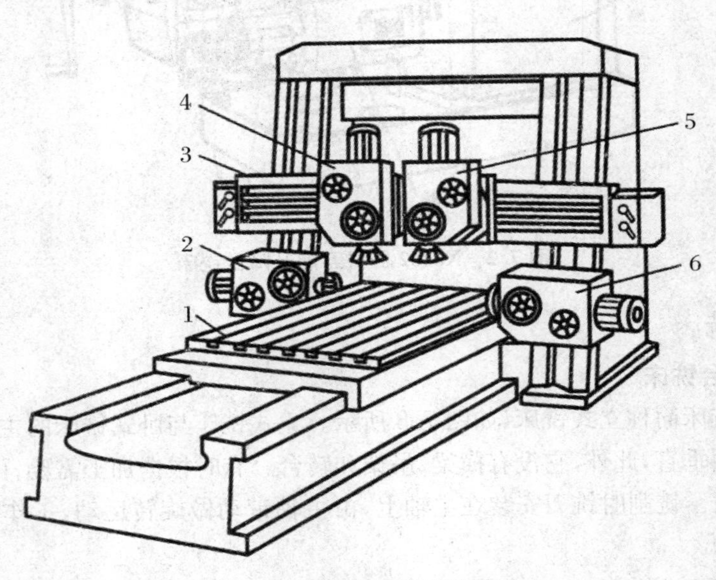

图 7.4 四轴落地龙门镗铣床

1-工作台;2,6-水平铣头;3-横梁;4,5-垂直铣头

(1) 逆铣

当铣刀和工件接触部分的旋转方向与工件的进给方向相反时称为逆铣,如图 7.1(a)、图 7.1(c)所示。

(2) 顺铣

当铣刀和工件接触部分的旋转方向与工件的进给方向相同时称为顺铣。由于铣床工作台的传动丝杠与螺母之间存在间隙,如无消除间隙装置,顺铣时会产生振动和造成进给量不均匀,所以通常情况下采用逆铣。

2. 端铣法

用端铣刀的端面刀齿加工平面,称为端铣法,如图 7.1(d)所示。

铣平面可用周铣法或端铣法,由于端铣法具有刀具刚性好、切削平稳(同时进行切削的刀齿多)、生产率高(便于镶装硬质合金刀片,可采用高速铣削)、加工表面粗糙度数值较小等优点,故应优先采用端铣法。但是周铣法的适用范围较广,可以利用多种类型的铣刀,故生产中仍常用周铣法。

二、工件的安装及铣床附件

铣床的主要附件有机用平口钳、回转工作台、分度头和万能铣头等,其中前 3 种附件用于安装工件,万能铣头用于安装刀具。

(一) 机用平口钳

如图 7.5 所示,机用平口钳是一种通用夹具,也是铣床常用附件之一。

图 7.5 机用平口钳

机用平口钳安装使用方便,应用广泛。常用于安装尺寸较小和形状简单的支架、盘套、板块、轴类零件。它有固定钳口和活动钳口,通过丝杠、螺母传动调整钳口间距离,以安装不同宽度的零件。铣削时,将机用平口钳固定在工作台上,再把工件安装在机用平口钳上,应使铣削力方向趋向固定钳口方向。

(二) 压板螺钉

对于尺寸较大或形状特殊的零件,可视其具体情况采用不同的装夹工具固定在工作台上,安装时应先进行工件找正,如图 7.6 所示。

① 装夹时,应使工件的底面与工作台面贴实,以免压伤工作台面。如果工件底面是毛坯面,应使用铜皮、铁皮等使工件的底面与工作台面贴实。夹紧已加工表面时应在压板和工件表面间垫铜皮,以免压伤工件已加工表面。各压紧螺母应分几次交错拧紧。

② 工件的夹紧位置和夹紧力要适当。压板不应歪斜和悬伸太长,必须压在垫铁处,压点要靠近切削面,压力大小要适当。

③ 在工件夹紧前后要检查工件的安装位置是否正确以及夹紧力是否得当，以免产生变形或位置移动。

④ 装夹空心薄壁工件时，应在其空心处用活动支承件支承以增加刚性，防止工件振动或变形。

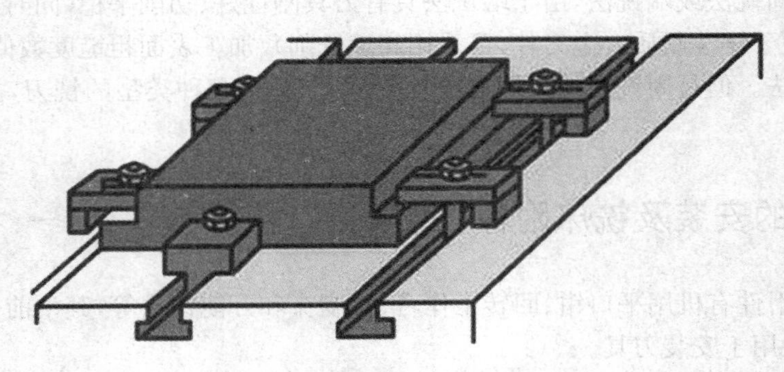

图 7.6 压板螺钉装夹工件

(三) 回转工作台

如图 7.7 所示，回转工作台又称转盘或圆工作台，一般用于较大零件的分度工作和非整圆弧面的加工。分度时，在回转工作台上配上三爪自定心卡盘，可以铣削四方、六方等工件。回转工作台有手动和机动两种方式，其内部有蜗杆蜗轮机构。摇动手轮 2，通过蜗杆轴 3 直接带动与转台 4 相连接的蜗轮转动。转台 4 周围有 360°刻度，在手轮 2 上也装有一个刻度环，可用来观察和确定转台位置。拧紧螺钉 1，转台 4 即被固定。转台 4 中央的孔可以装夹心轴，用以找正和确定工件的回转中心，当转台底座 5 上的槽和铣床工作台上的 T 形槽对齐后，即可用螺栓把回转工作台固定在铣床工作台上。在回转工作台上铣圆弧槽时，首先应校正工件圆弧中心与转台 4 的中心重合，然后将工件安装在回转工作台上，铣刀旋转，用手均匀缓慢地转动手轮 2，即可铣出圆弧槽。

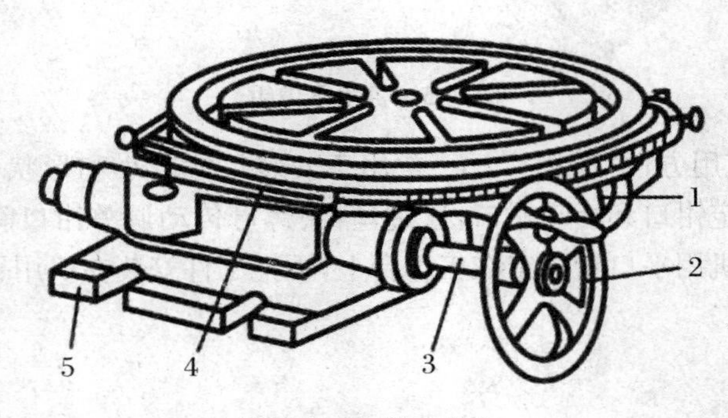

图 7.7 回转工作台

1-螺钉；2-手轮；3-蜗杆轴；4-转台；5-底座

(四) 万能铣头

图 7.8 所示为万能铣头，在卧式铣床上装上万能铣头，不仅能完成各种立铣的工作，而且还可根据铣削的需要，把铣头主轴扳转成任意角度。其底座 4 用 4 个螺栓固定在铣床的垂直导轨上。铣床主轴的运动通过铣头内的两对齿数相同的锥齿轮传到铣头主轴上，因此铣头主轴的转

数级数与铣床的转数级数相同。壳体 3 可绕铣床主轴轴线偏转任意角度，壳体 3 还能相对铣头主轴壳体 2 偏转任意角度。因此，铣头主轴就能带动铣刀 1 在空间偏转成所需要的任意角度，从而扩大了卧式铣床的加工范围。

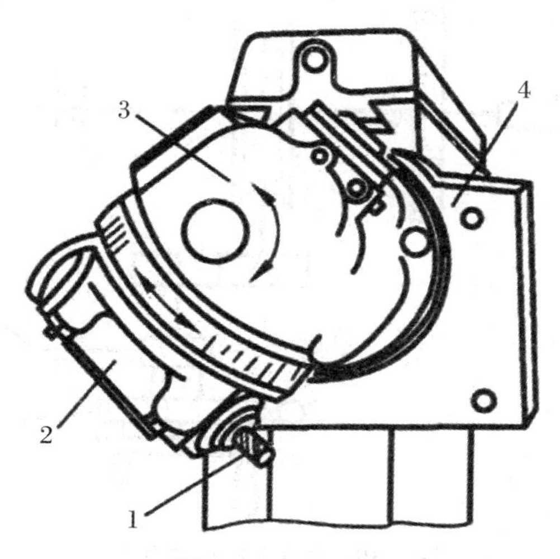

图 7.8 万能铣头

1-铣刀；2-铣头主轴壳体；3-壳体；4-底座

（五）万能分度头

分度头主要用来安装需要进行分度的工件，利用分度头可铣削多边形、齿轮、花键、刻线、螺旋面及球面等。分度头的种类很多，有简单分度头、万能分度头、光学分度头、自动分度头等，其中用得最多的是万能分度头。

1. 万能分度头的结构

如图 7.9 所示，万能分度头的基座 1 上装有回转体 5，分度头主轴 6 可随回转体 5 在垂直平面内转动 $-6^{\circ}\sim+90^{\circ}$，主轴前端锥孔用于装顶尖，外部定位锥体用于装三爪自定心卡盘 9。分度时可转动分度手柄 4，通过蜗杆 8 和蜗轮 7 带动分度头主轴旋转进行分度，图 7.10 所示为其

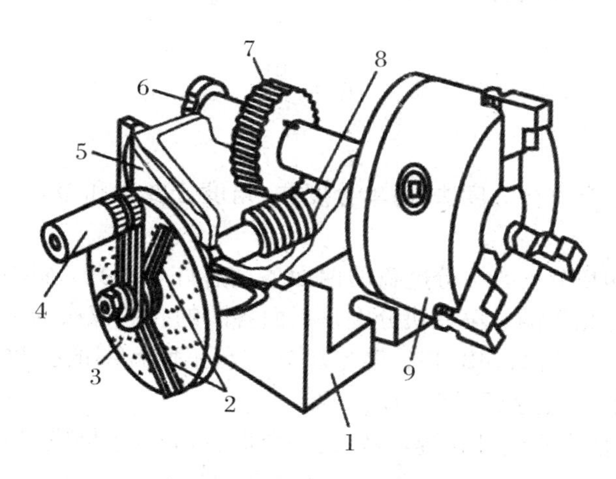

图 7.9 万能分度头的外形

1-基座；2-扇形叉；3-分度盘；4-手柄；5-回转体；6-分度头主轴；7-蜗轮；8-蜗杆；9-三爪自定心卡盘

传动示意图。

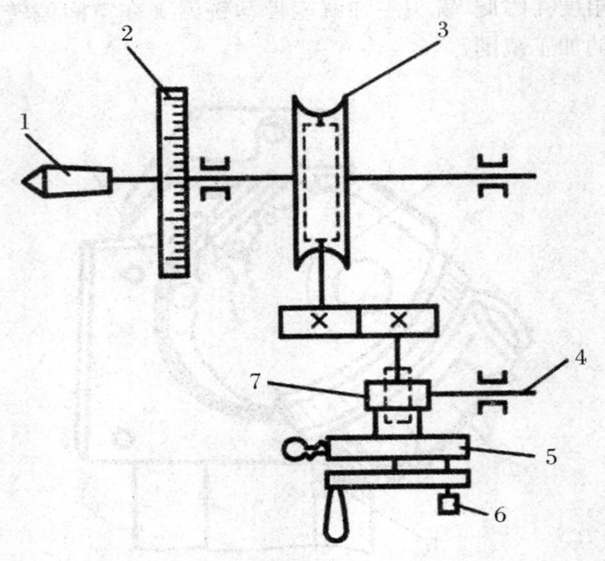

图 7.10 分度头的传动示意

1-主轴;2-刻度环;3-蜗杆蜗轮;4-挂轮轴;5-分度盘;6-定位销;7-螺旋齿轮

分度头中蜗杆和蜗轮的传动比为

$$i=\frac{\text{蜗杆的头数}}{\text{蜗轮的齿数}}=\frac{1}{40}$$

即当手柄通过一对传动比为 1∶1 的直齿轮带动蜗杆转动一周时,蜗轮只能带动主轴转过 1/40 周。若工件在整个圆周上的分度数目 z 为已知时,则每分一个等分就要求分度头主轴转过 $1/z$ 圈。当分度手柄所需转数为 n 圈时,有如下公式

$$1:40=\frac{1}{z}:n$$

式中,n 为分度手柄转数;40 为分度头定数;z 为工件等分数。

即简单分度公式为

$$n=\frac{40}{z}$$

2. 分度方法

分度头分度的方法有直接分度法、简单分度法、角度分度法和差动分度法等。这里仅介绍最常用的简单分度法。

分度头一般备有两块分度盘。分度盘的两面各钻有许多圈孔,各圈的孔数均不相同,然而同一圈上各孔的孔距是相等的。第一块分度盘正面各圈的孔数依次为 24,25,28,30,34,37;反面各圈的孔数依次为 38,39,41,42,43。第二块分度盘正面各圈的孔数依次为 46,47,49,51,53,54;反面各圈的孔数依次为 57,58,59,62,66。

例如,欲铣削一齿数为 6 的外花键,每铣完一个齿后,分度手柄应转的转数为

$$n=\frac{40}{z}=\frac{40}{6}=6\frac{2}{3}(\mathrm{r})$$

可选用分度盘上 24 的孔圈(或孔数是分母 3 的整数倍的孔圈),则

$$n = 6\frac{2}{3} = 6\frac{16}{24}(\mathrm{r})$$

即先将定位销调整至孔数为24的孔圈上，转过6转后，再转过16个孔距。为了避免手柄转动时发生差错和节省时间，可调整分度盘上的两个扇形叉间的夹角(图7.9)，使之正好等于孔距数，这样依次进行分度时就可准确无误。如果分度手柄不慎转多了孔距数，应将手柄退回1/3圈以上，以消除传动件之间的间隙，再重新转到正确的孔位上。

3. 装夹工件方法

加工时，既可用分度头卡盘(或顶尖、拨盘和卡箍)与尾座顶尖一起安装轴类工件，如图7.11(a)、图7.11(b)、图7.11(c)所示；也可将工件套装在心轴上，心轴装夹在分度头主轴锥孔内，并按需要使分度头主轴倾斜一定的角度，如图7.11(d)所示；亦可只用分度头卡盘安装工件，如图7.11(e)所示。

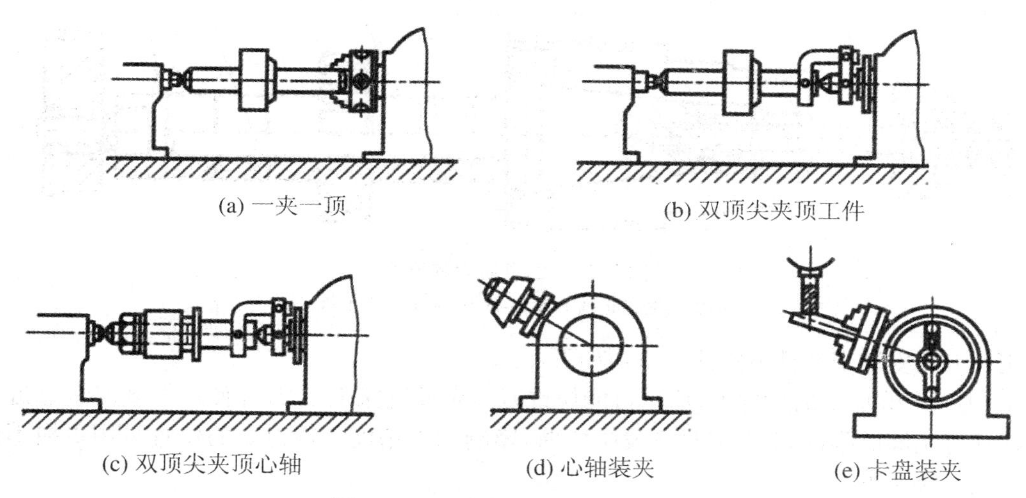

图7.11　用分度头装夹工件的方法

(六) 用专用夹具安装

专用夹具是根据某一工件的某一工序的具体加工要求而专门设计和制造的夹具。常用的夹具有车床类夹具、铣床类夹具、钻床类夹具等，这些夹具有专门的定位和夹紧装置，工件无须找正即可迅速、准确地安装，既提高了生产率，又可保证加工精度。但设计和制造专用夹具的费用较高，故其主要用于大批量生产。

三、铣刀

铣刀实质上是一种多刃刀具，其刀齿分布在圆柱铣刀的外圆柱表面或端铣刀的端面上。

(一) 铣刀的分类

铣刀的种类很多，按其安装方法可分为带孔铣刀和带柄铣刀两大类。

1. 带孔铣刀

图7.1(a)、图7.1(e)、图7.1(g)、图7.1(j)为带孔铣刀的应用。带孔铣刀多用于卧式铣床上，其共同特点是都有孔，以使铣刀安装到刀杆上。带孔铣刀的刀齿形状和尺寸可以适应所加工的工件形状和尺寸。

2．带柄铣刀

图 7.1(b)、图 7.1(d)、图 7.1(f)为带柄铣刀的应用。带柄铣刀多用于立式铣床上，其共同特点是都有供夹持用的刀柄。直柄立铣刀的直径较小，一般小于 20 mm，直径较大的为锥柄，大直径的锥柄铣刀多为镶齿式。

(二) 铣刀的安装

1．带孔铣刀的安装

带孔铣刀多用短刀杆安装；而带孔铣刀中的圆柱形、圆盘形铣刀，多用长刀杆安装。如图 7.12 所示，长刀杆 6 一端有 7∶24 的锥度与铣床主轴孔配合，并用拉杆 1 穿过主轴 2 将刀杆 6 拉紧，以保证刀杆 6 与主轴锥孔紧密配合。安装刀具 5 的刀杆部分，根据刀孔的大小分几种型号，常用的有 Ø16、Ø22、Ø27、Ø32 等。

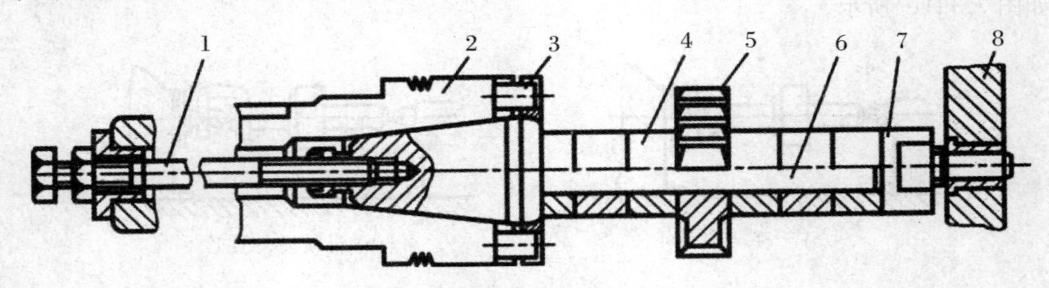

图 7.12 圆盘铣刀的安装

1-拉杆；2-主轴；3-端面键；4-套筒；5-铣刀；6-刀杆；7-压紧螺母；8-吊架

用长刀杆安装带孔铣刀的注意事项如下：

① 在不影响加工的条件下，应尽可能使铣刀 5 靠近铣床主轴 2，并使吊架 8 尽量靠近铣刀 5，以保证有足够的刚性，避免刀杆 6 发生弯曲，影响加工精度。铣刀 5 的位置可用更换不同的套筒 4 的方法调整。

② 斜齿圆柱铣刀所产生的轴向切削力应指向主轴轴承。

③ 套筒 4 的端面与铣刀 5 的端面必须擦干净，以保证铣刀端面与刀杆 6 轴线垂直。

④ 拧紧刀杆压紧螺母 7 时，必须先装上吊架 8，以防刀杆 6 受力弯曲，如图 7.13(a)所示。

⑤ 初步拧紧螺母，开车观察铣刀是否装正，装正后再用力拧紧螺母，如图 7.13(b)所示。

(a) 装吊架　　(b) 拧紧螺母

图 7.13 拧紧刀杆压紧螺母时注意事项

2．带柄铣刀的安装

直柄立铣刀多用弹簧夹头安装。对于锥柄立铣刀如果锥柄尺寸与主轴孔内锥尺寸相同，则可直接装入铣床主轴中并用拉杆将铣刀拉紧；如果锥柄尺寸与主轴孔内锥尺寸不同，则根据铣刀锥柄的大小，选择合适的变锥套，将配合表面擦净，然后用拉杆把铣刀及变锥套一起拉紧在主轴上。

四、铣削工艺

铣削工艺应用范围很广，常见的有铣平面、铣沟槽、铣成形面、钻孔、铣孔以及铣螺旋槽等。

(一) 铣平面

1．铣水平面

铣水平面可用周铣法或端铣法，并应优先采用端铣法。但在很多场合，例如，在卧式铣床上铣水平面，也常用周铣法。铣削水平面的步骤如图 7.14 所示。

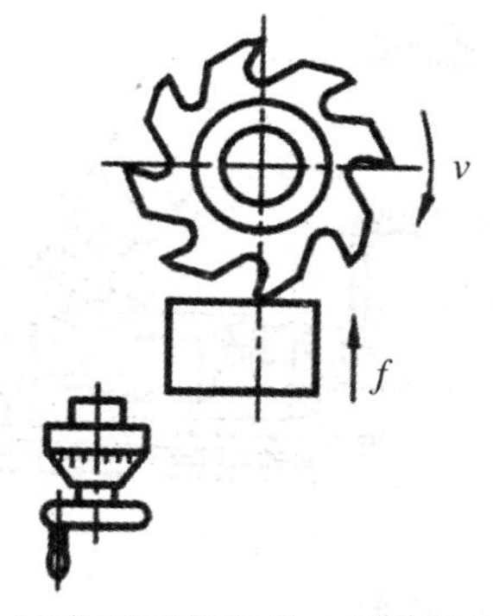

(a) 开车使工件和铣刀稍微接触

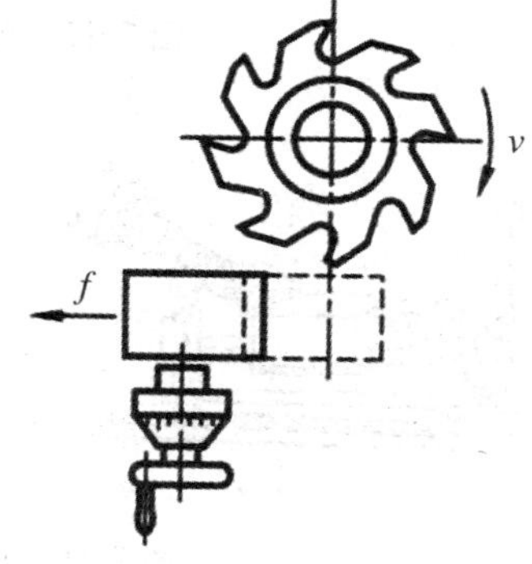

(b) 纵向退出工件，停车

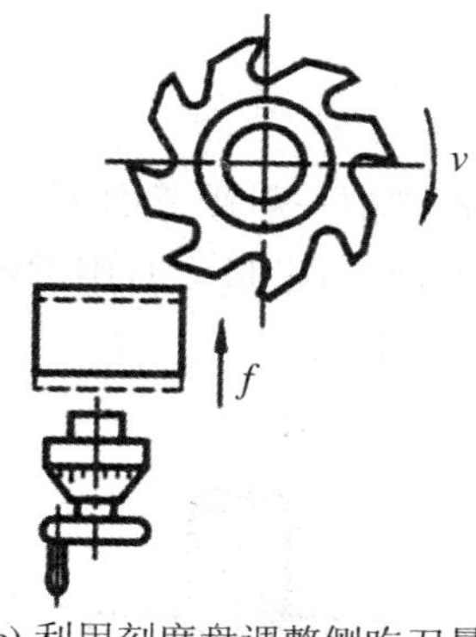

(c) 利用刻度盘调整侧吃刀量接触，记下刻度盘读数

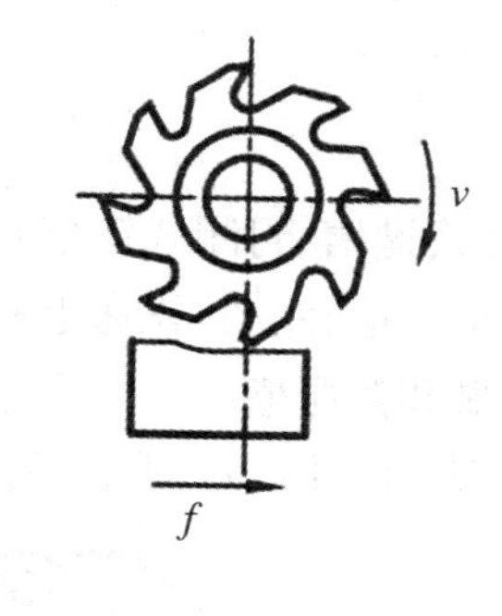

(d) 当工件被稍微切入后

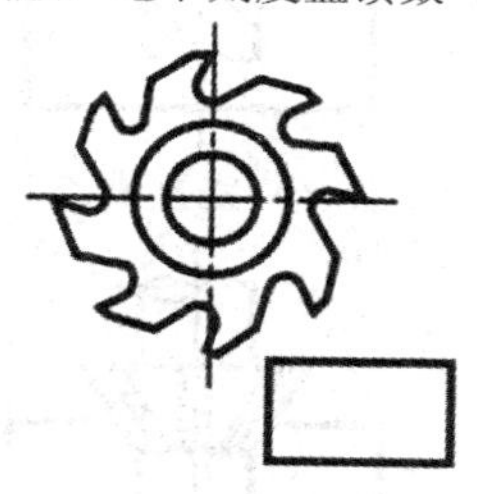
(e) 铣完一刀后停车

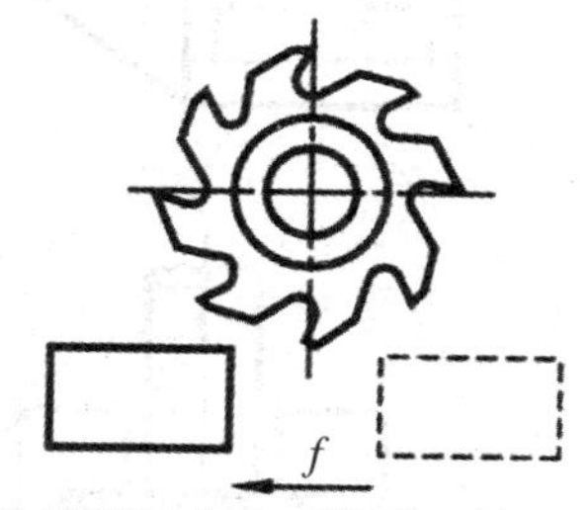

(f) 退回工作台，测量工件，重复铣削到规定要求

图 7.14　铣水平面步骤

2．铣斜面

铣斜面可采用倾斜工件法、倾斜刀轴法等加工方法。其中，在倾斜工件法中，可用如图 7.11(d)、图 7.11(e)所示的分度头装夹工件铣斜面，也可用机用平口钳(图 7.15(a))、机用正弦平口钳(图 7.15(b))、压板螺栓(图 7.15(c))装夹工件铣斜面。图 7.16 所示的是用倾斜刀轴法铣斜面。

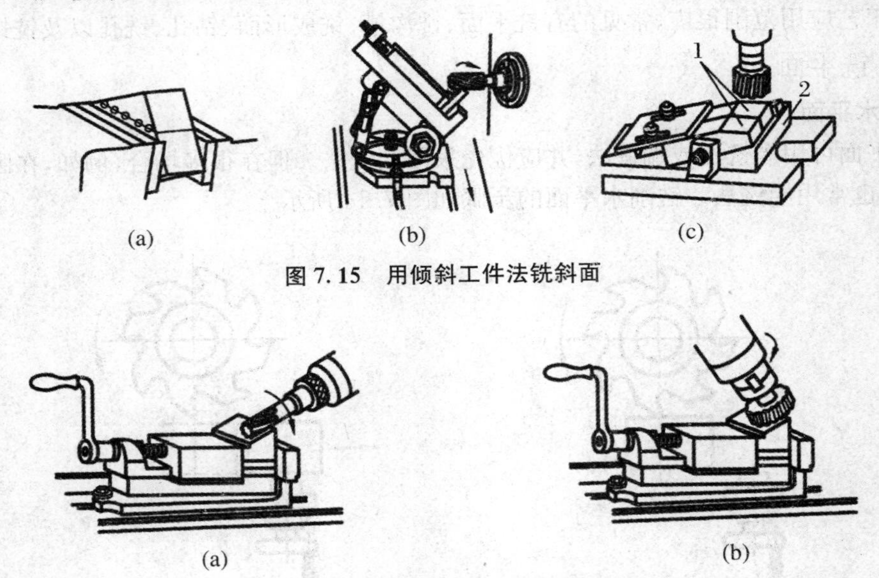

(a) (b) (c)

图 7.15 用倾斜工件法铣斜面

(a) (b)

图 7.16 用倾斜刀轴法铣斜面

(二) 铣沟槽

1．铣键槽

键槽有敞开式键槽、封闭式键槽和花键三种。敞开式键槽一般用三面刃铣刀在卧式铣床上加工；封闭式键槽一般在立式铣床上用键槽铣刀或立铣刀加工；批量大时用键槽铣床加工。

2．铣 T 形槽和燕尾槽

铣 T 形槽步骤如图 7.17 所示；铣燕尾槽步骤如图 7.18 所示。

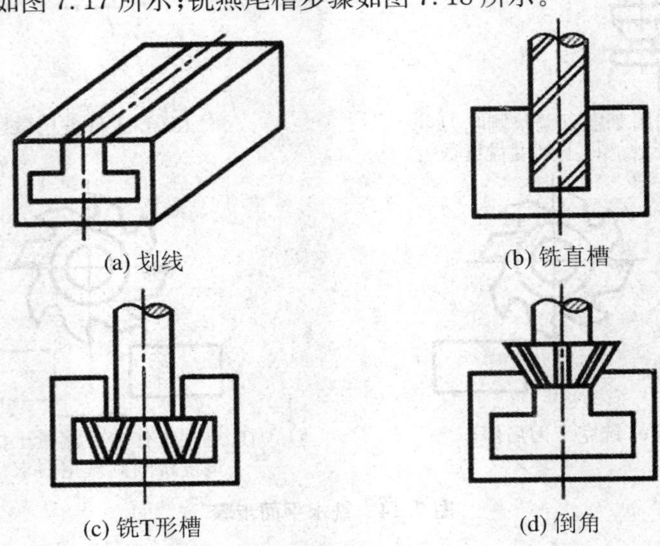

(a) 划线 (b) 铣直槽

(c) 铣T形槽 (d) 倒角

图 7.17 铣 T 形槽步骤

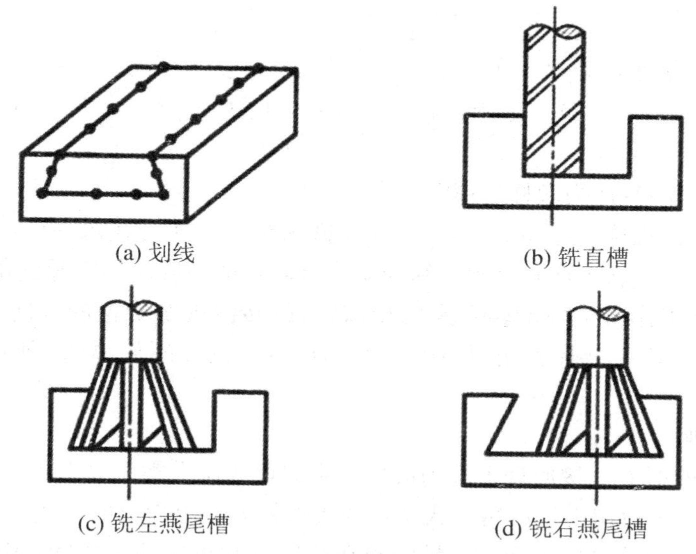

图 7.18　铣燕尾槽步骤

3．铣成形面

在铣床上常用成形刀加工成形面，如图 7.1(j)所示。

4．铣螺旋槽

铣削加工中常会遇到铣斜齿轮、麻花钻、螺旋铣刀的螺旋槽等工作。这些统称铣螺旋槽。铣削时，刀具做旋转运动；工件一方面随工作台做匀速直线移动，同时又被分度头带动做等速旋转运动(见图 7.1(a))。根据螺旋线形成原理，要铣削出一定导程的螺旋槽，必须保证当工件随工作台纵向进给一个导程时，工件刚好转过一圈。这可通过工作台丝杠和分度头之间的交换齿轮来实现。

图 7.19(a)所示为铣螺旋槽时的传动系统，配换挂轮的选择应满足如下关系：

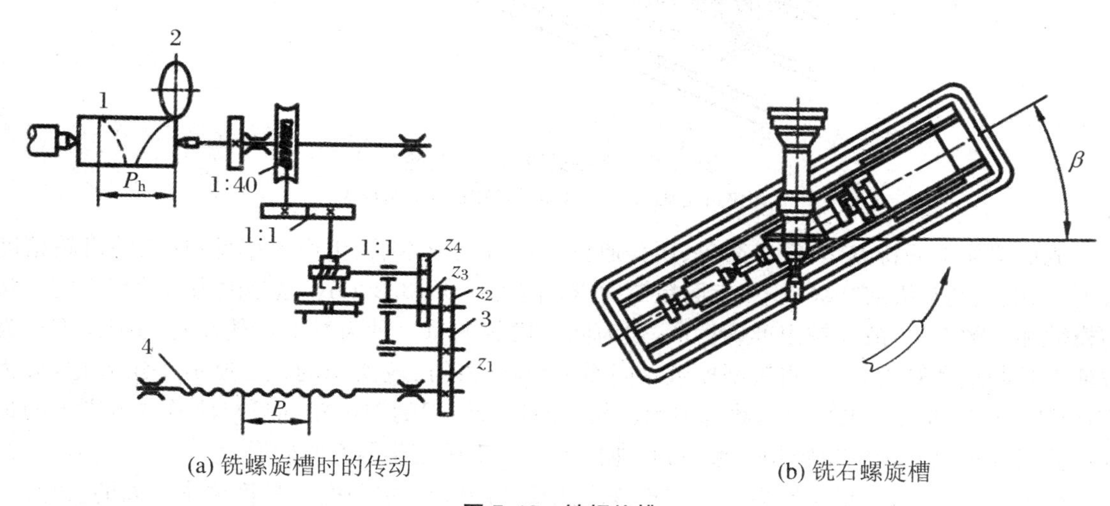

图 7.19　铣螺旋槽

1-工件；2-铣刀；3-挂轮；4-纵向进给丝杠

$$\frac{P_h}{P}\cdot\frac{z_1}{z_2}\cdot\frac{z_3}{z_4}\times\frac{1}{1}\times\frac{1}{1}\times\frac{1}{40}=1$$

则传动比 i 的计算公式为

$$i=\frac{z_1}{z_2}\cdot\frac{z_3}{z_4}=\frac{40P}{P_h}$$

式中，P_h 为零件的导程；P 为丝杠的螺距。

为了获得规定的螺旋槽截面形状，还必须使铣床纵向工作台在水平面内转过一个角度，使螺旋槽的槽向与铣刀旋转平面相一致。纵向工作台转过的角度应等于螺旋角度，这项调整可通过在卧式万能铣床工作台上扳动转台来实现，转台的转向视螺旋槽的方向而定。铣右螺旋槽时，工作台逆时针扳转一个螺旋角，如图 7.19(b)所示；铣左螺旋槽时，则顺时针扳转一个螺旋角。

5. 铣齿轮齿形

齿轮齿形的切削加工，按原理可分为成形法和展成法两大类。

① 成形法是用与被切齿轮齿槽形状相符的成形铣刀铣出齿形的方法。

铣削时，工件在卧式铣床上通过心轴安装在分度头和尾座顶尖之间，用一定模数和压力角的盘状模数铣刀铣削，如图 7.20 所示。在立式铣床上则用指状模数铣刀铣削。当铣完一个齿槽后，将工件退出，进行分度，再铣下一个齿槽，直到铣完所有的齿槽为止。

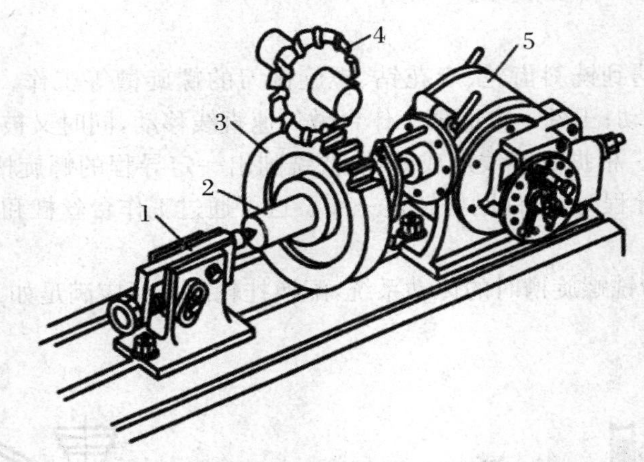

图 7.20 在卧式铣床上铣齿轮

1-尾座；2-心轴；3-工件；4-盘状模数铣刀；5-分度头

成形法加工的特点是：设备简单（用普通铣床即可）、成本低、生产效率低；加工的齿轮精度较低，只能达到 9 级或 9 级以下，齿面粗糙度 Ra 值为 6.3～3.2 μm。这是因为齿轮齿槽的形状与模数和齿数有关，故要铣出准确齿形，须为同一模数的每一种齿数的齿轮制造一把铣刀。为方便刀具制造和管理，一般将铣削模数相同而齿数不同的齿轮所用的铣刀制成一组 8 把，分为 8 个刀号，每号铣刀加工一定齿数范围的齿轮。而每号铣刀的刀齿轮廓只与该号数范围内的最少齿数齿轮齿槽的理论轮廓相一致，对其他齿数的齿轮只能获得近似齿形。

根据以上特点，成形法铣齿轮多用于修配或单件制造某些转速低、精度要求不高的齿轮。

② 展成法是建立在齿轮与齿轮或齿条与齿轮相互啮合原理基础上的齿形加工方法。滚齿加工（图 7.21）和插齿加工（图 7.22）均属展成法加工齿形。

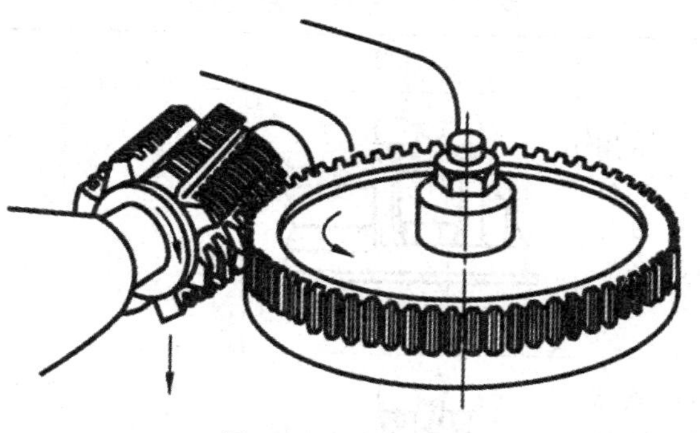

图 7.21 滚齿加工

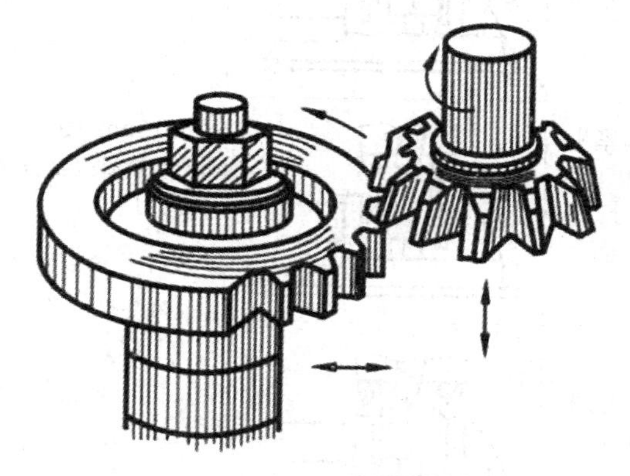

图 7.22 插齿加工

随着科学技术的发展,齿轮传动的速度和载荷不断提高,因此传动平稳与噪声、冲击之间的矛盾日益尖锐。为解决这一矛盾,就需相应提高齿形精度和降低齿面粗糙度数值,这时插齿和滚齿已不能满足要求,常用剃齿、珩齿和磨齿来解决,其中磨齿加工精度最高,可达 IT4 级。

练一练

以图 7.23 所示 V 形块为例,讨论其单件、小批量生产时的操作步骤,详见表 7.1。

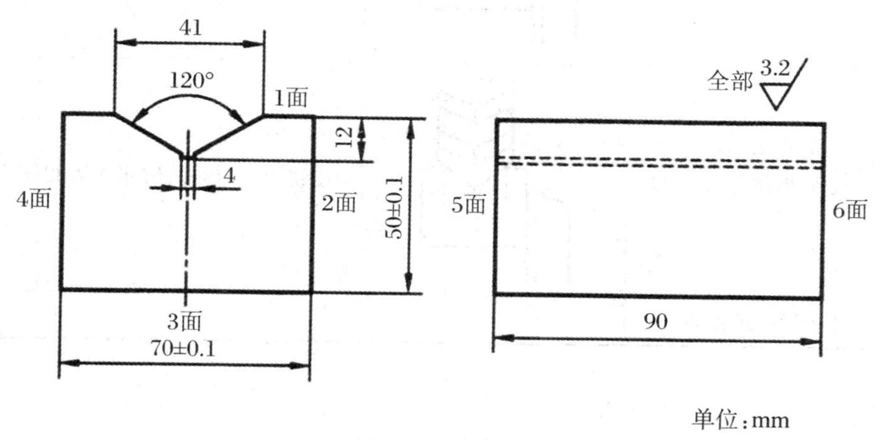

图 7.23 V 形块

表 7.1　V 形块的铣削步骤

单位:mm

序号	加工内容	加工简图	刀具	设备	装夹方法
1	将 3 面紧靠在机用平口钳导轨面上的平行垫铁上,即以 3 面为基准,铣平面 1,使 1、3 面尺寸至 52	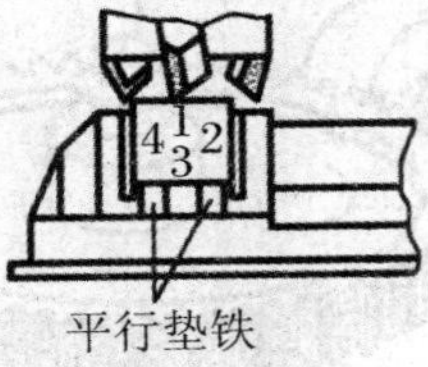			
2	以 1 面为基准,紧贴固定钳口,在工件与活动钳口间垫圆棒,加紧后铣平面 2,使 2、4 面间尺寸至 72	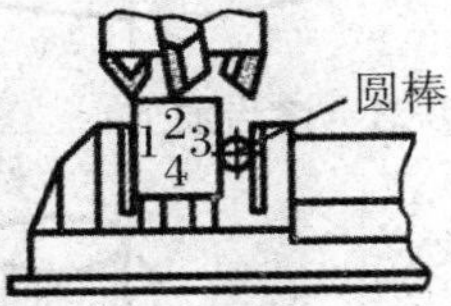			
3	以 1 面为基础,紧贴固定钳口,翻转 180°,使面 2 朝下,紧贴平行垫铁,铣平面 4,使 2、4 面间尺寸至 70	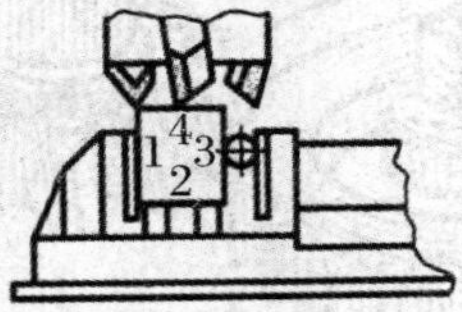	Ø110 mm 硬质合金镶齿端铣刀	立式铣床 X5032	机用平口钳
4	以 1 面为基准,铣平面 3,使 1、3 面间尺寸至 50				
5	铣 5、6 两面,使 5、6 面间尺寸至 90	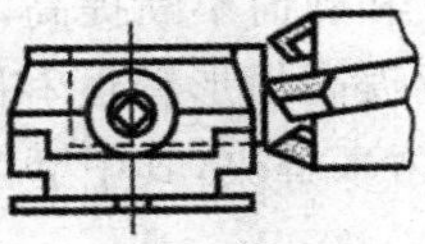			
6	按划线找正,铣直槽,槽宽 4,深 12	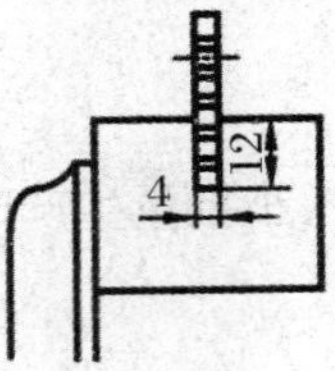	切槽刀	卧式铣床 X6132	机用平口钳
7	铣 V 形槽至尺寸 41	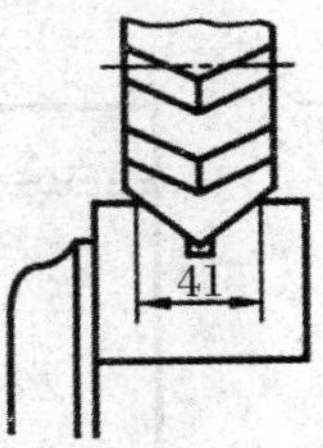	角度铣刀	卧式铣床 X6132	机用平口钳
8	按图样要求检验				

第八章 焊 接

焊接是通过加热或加压(或两者并用),并且用(或不用)填充材料,使焊件形成原子间结合的一种连接方法。焊接加工灵活方便,能化大为小或以小拼大,便于采用铸—焊或锻—焊联合工艺生产大型工件;焊接质量可靠(如气密性好),能制造双金属结构;生产率高,便于机械化和自动化生产。焊接广泛应用于金属材料之间、非金属材料(如石墨、陶瓷、玻璃、塑料等)之间、金属材料与非金属材料之间的连接,如巨型油轮、军舰的大面积拼板及大型立体框架结构、原子能发电设备、建筑构件、压力容器以及半导体器件及精密仪器制造等均须应用焊接。

焊接的种类很多,按焊接过程的特点不同,可分为熔焊、压焊和钎焊三大类,常用焊接方法的具体分类如图 8.1 所示。

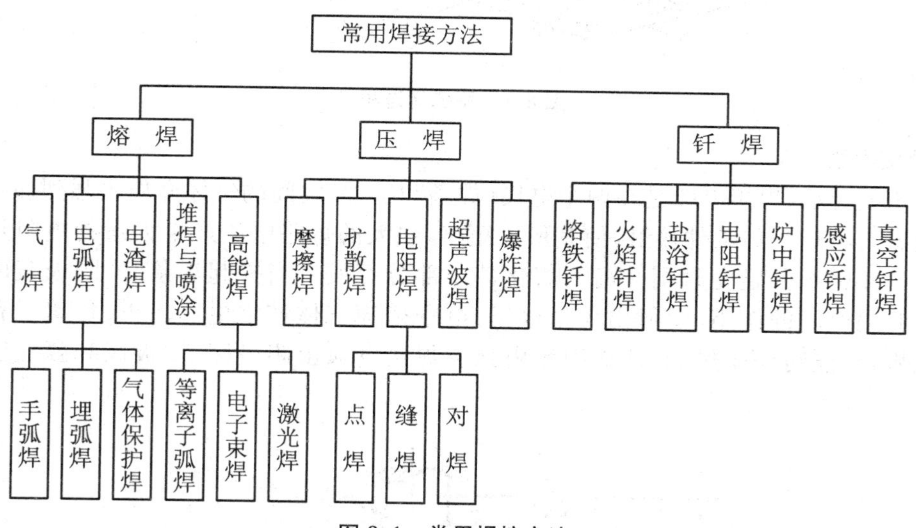

图 8.1 常用焊接方法

1. 熔焊

利用局部加热,把工件待焊处熔化,随后冷却凝固成一体的焊接方法。

2. 压焊

在焊接过程中对焊件施加压力(加热或不加热),以完成焊接的方法。

3. 钎焊

将低熔点的钎料熔化,填充到接头间隙,与焊件相互扩散实现焊件连接的方法。

一、手工电弧焊

利用电弧作为焊接热源的熔焊方法称为电弧焊。用手工操纵焊条进行焊接的电弧焊方法称为手工电弧焊,简称手弧焊。

（一）焊接过程及焊接电弧

1. 焊接过程

手弧焊的焊接过程如图 8.2 所示。焊接前，将焊钳和焊件分别接到弧焊电源的输出端两极，用焊钳夹持焊条。先使焊条与焊件接触，随即微提焊条，在焊条与焊件间产生电弧，电弧热将焊条和焊件熔化，形成熔池。随着电弧沿焊接方向前移，熔池金属冷却凝固形成焊缝。手弧焊所需设备简单，操作灵活方便，适用于厚度 2 mm 以上的各种金属材料和各种形状结构的焊接，所以应用极为广泛。

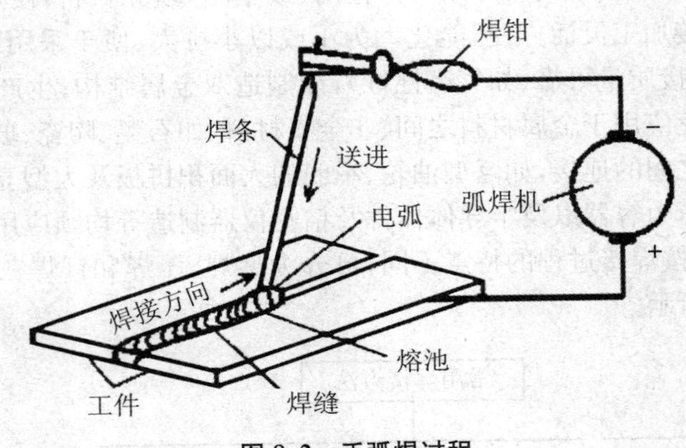

图 8.2　手弧焊过程

2. 焊接电弧

如图 8.3 所示，焊接电弧是在两个电极（焊条和工件）之间的气体介质中强烈而持久的气体放电现象。将焊条与工件接触，使其形成短路，强大的短路电流产生大量的电阻热促使焊条和工件的接触部分温度急剧升高而熔化甚至部分蒸发。当提起焊条时，阴极表面由于急剧的加热和强电场的作用，发射出大量电子，电子碰撞气体使之电离。正、负离子和电子分别奔向两极，动能转变成热能，从而引燃电弧。焊接电弧由阴极区、阳极区和弧柱区三部分组成。

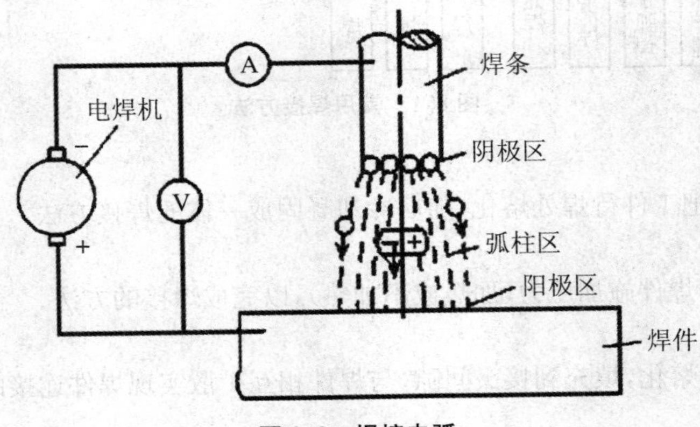

图 8.3　焊接电弧

3. 焊件各部分名称

如图 8.4 所示，被焊的工件材料称为母材，焊接过程中局部受热熔化的金属形成熔池，熔池金属冷却凝固后形成焊缝。焊缝两侧的母材受焊接加热的影响，引起金属内部组织和力学性能变化的区域,称为焊接热影响区。焊缝和热影响区的分界线称为熔合线。焊缝和热影响区一起构成焊接接头。

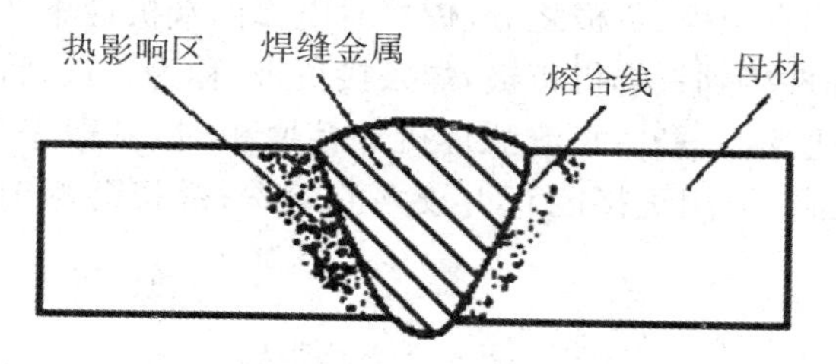

图 8.4 熔焊焊接接头

焊缝各部分的名称如图 8.5 所示。焊缝表面上的鱼鳞状波纹称为焊波。焊缝表面与母材的交界处称为焊趾。超出母材表面焊趾连线上面的那部分焊缝金属的高度,称为余高。单道焊缝横截面中,两焊趾之间的距离,称为焊缝宽度或熔宽。在焊接接头横截面上,母材熔化的深度称为熔深。

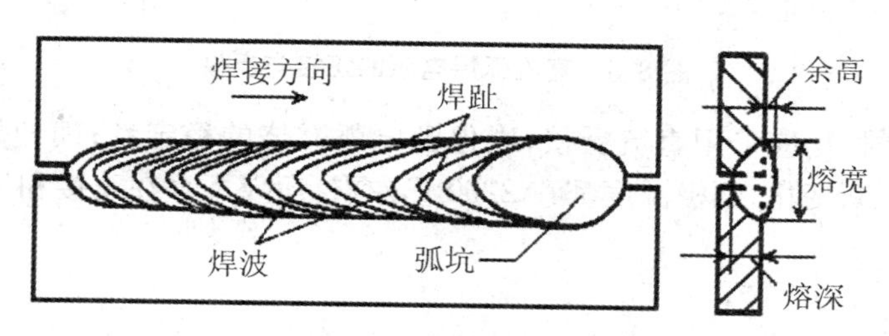

图 8.5 焊缝各部分的名称

(二)焊机

电弧焊需要专用的弧焊电源。手弧焊的弧焊电源也称为手弧焊机。弧焊机可分为交流弧焊机和直流弧焊机两类。

1. 交流弧焊机

交流弧焊机实际上是一种特殊的降压变压器,也叫弧焊变压器,可以将 220 V 或 380 V 电压降到焊机空载电压(60～90 V)及工作电压(20～40 V)。

交流弧焊机结构简单,但电弧稳定性较差。弧焊变压器有各种型号,目前比较常用的有 BX1-330、BX3-300 等。型号中:"B"表示弧焊变压器,"X"表示下降外特性,"1"和"3"分别表示动铁芯式和动圈式,"330"和"300"表示弧焊机的额定焊接电流分别为 330 A 和 300 A。

2. 直流弧焊机

直流弧焊机分为弧焊整流器和弧焊逆变器两种。

① 弧焊整流器的结构相当于在交流弧焊机上安置整流器,从而把交流电转换成直流电。它弥补了交流焊机电弧稳定性较差的缺点。常用弧焊整流器有 ZXG-300 等型号,其中"Z"表示弧焊整流器,"X"表示下降外特性,"G"表示弧焊机采用硅整流元件,"300"表示弧焊机的额定焊接电流为 300 A。

② 弧焊逆变器是将交流电整流后,又将直流变成中频交流电,再经整流后,输出所需的焊接电流和电压。弧焊逆变器具有电流波动小、电弧稳定、质量轻、体积小、能耗低等优点,已得到了越来越广泛的应用。它不仅可用于手弧焊,还可用于各种气体保护焊、等离子弧焊、埋弧焊等

多种弧焊方法。弧焊逆变器有 ZX7-315 等型号，其中“7”表示其为逆变式，“315”表示额定电流。

直流弧焊机的输出端有正极、负极之分，焊接时电弧两端极性不变。因此，弧焊机输出端有两种不同的接线法：将焊件接到弧焊机正极，焊条接负极，称为正接；将焊件接到负极，焊条接正极，称为反接，如图 8.6 所示。采用直流弧焊机焊接厚板时，一般采用正接，这是因为电弧正极的温度和热量比负极高，采用正接能获得较大的熔深；焊接薄板时，为了防止烧穿，常采用反接。

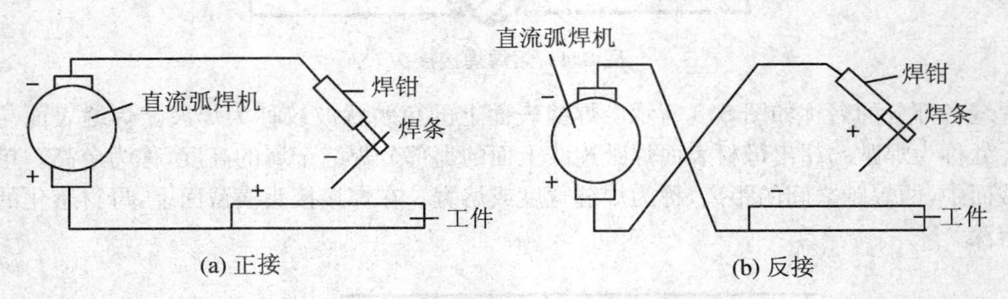

图 8.6 直流弧焊电源的正接与反接

使用碱性焊条时，均应采用直流反接，以保证电弧燃烧的稳定性；而使用交流弧焊机焊接时，由于两极极性不断变化，两极温度都在 2200 ℃左右，所以不存在正接和反接问题。

（三）焊条

1. 焊条的组成

焊条由焊芯和药皮两部分组成。

（1）焊芯

焊芯一般是一根具有一定长度、直径的金属棒，它既作为焊接电极，又作为填充金属与熔化的母材熔合形成焊缝，所以焊芯的化学成分会直接影响焊缝的质量。焊条的直径也就是指焊芯的直径，最小为 1.6 mm，最大为 8 mm，常用焊条的直径和长度规格如表 8.1 所示。

表 8.1 焊条的直径和长度规格

焊条直径(mm)	2.0～2.5	3.2～4.0	5.0～5.8
焊条长度(mm)	250～300	350～400	400～450

（2）药皮

药皮是压涂在焊芯表面上的涂料层，它由矿石粉、铁合金粉和黏合剂等原料按一定比例配置而成。其主要作用如下：

① 机械保护作用。利用药皮熔化放出的气体和形成的熔渣，起机械隔离空气作用，防止有害气体侵入熔化金属。

② 冶金处理作用。去除有害杂质，如氧、氢、硫、磷等，添加有益的合金元素，改善焊缝质量。

③ 改善焊接工艺性能。使电弧稳定、飞溅少、焊缝成形好、易脱渣和熔敷效率高等。

2. 焊条种类和型号

在 GB5117—1995 中规定的焊条型号编制方法如下：字母“E”表示焊条；第一、二位数字表示熔敷金属抗拉强度的最小值，单位为 10 MPa；第三位数字表示焊条的焊接位置；第三位和第四位数字组合时表示焊接电流种类及药皮类型，如 E5015，“E”表示焊条；“50”表示焊缝金属抗拉强度不低于 50 MPa；“1”表示焊条适用于全位置焊接；“15”表示低氢钠型焊条药皮，电流种类为直流反接。

此外，目前仍保留着焊条行业使用的焊条牌号，如 J422 等。“J”表示结构钢焊条；数字“42”表示熔敷金属抗拉强度最低值为 420 MPa；第三位数字“2”表示药皮类型为钛钙型，交直流两用。

几种常用碳钢焊条的型号、旧牌号及用途如表 8.2 所示。

表 8.2　几种常用碳钢焊条的型号、旧牌号及用途

型号	旧牌号	药皮类型	焊接电源	主要用途	焊接位置
E4303	J422	钛钙型	直流或交流	焊接低碳钢结构	全位置焊接
E4301	J423	钛铁矿型	直流或交流	焊接低碳钢结构	全位置焊接
E4322	J424	氧化铁型	直流或交流	焊接低碳钢结构	平角焊
E5015	J507	低氢钠型	直流反接	焊接重要的低碳钢或中碳钢结构	全位置焊接
E5016	J506	低氢钾型	直流或交流	焊接重要的低碳钢或中碳钢结构	全位置焊接

3. 焊条的选用

焊条的种类、型号很多，必须合理选用。选用时首先应根据材料的种类来选择焊条的大类，然后根据具体情况选择焊条的型(牌)号。

焊接低碳钢和低合金钢时，一般按等强原则选用焊条，即选用熔敷金属抗拉强度最低值等于或接近于焊件钢材抗拉强度的焊条，如焊接 Q235、20 钢可选用 E4303(J422)焊条；焊接 16Mn 钢可选用 E5015(J507)或 E5016(J506)。

焊接不锈钢、耐热钢时，一般按同成分原则选用焊条，即选用焊缝金属化学成分与焊件钢材成分相同或相近的焊条。

此外，选用焊条时，还应考虑焊件的受力状况和重要性，对受力复杂或承受动载的焊件以及压力容器等，应选用抗裂性好的相同强度等级的碱性焊条。

(四) 焊接工艺

1. 焊接接头形式

常用的焊接接头形式有对接接头、搭接接头、角接接头和 T 形接头，如图 8.7 所示。对接接头的受力均匀，应力集中程度较小，是各种结构中采用最多的一种接头形式。搭接接头消耗钢板较多，增加了结构的自重，在受外力作用时，因两工件不在同一平面上，能产生很大的力矩，使焊缝应力复杂，一般应避免采用。但搭接接头不需开坡口，装配时尺寸要求不高，对于一些不太重要的结构件，采用搭接接头可节省工时。角接接头与 T 形接头受力情况也比较复杂，但当接头成一定角度时，必须采用这种接头形式。

2. 坡口形式

对厚度在 6 mm 以下的焊件进行焊接时，一般可以不开坡口直接焊成，即 I 形坡口。对于较厚的工件，为了使焊条能深入到接头底部起弧，保证焊透，接头处应根据工件厚度预制出各种形式的坡口。常见的坡口形式及角度如图 8.7 所示。

对 I 形坡口、Y 形坡口和 U 形坡口施焊时，可根据实际情况采用单面焊或双面焊完成。一般情况下，应尽量采用双面焊，因为双面焊容易保证焊透，而且受热均匀、变形小。双 Y 形坡口须双面施焊。U形坡口根部较宽，允许焊条深入，容易焊透，但因坡口形状复杂，一般只在重要的受动载的厚板结构中应用。双单边V形坡口主要用于T形接头和角接接头的焊接结构中。

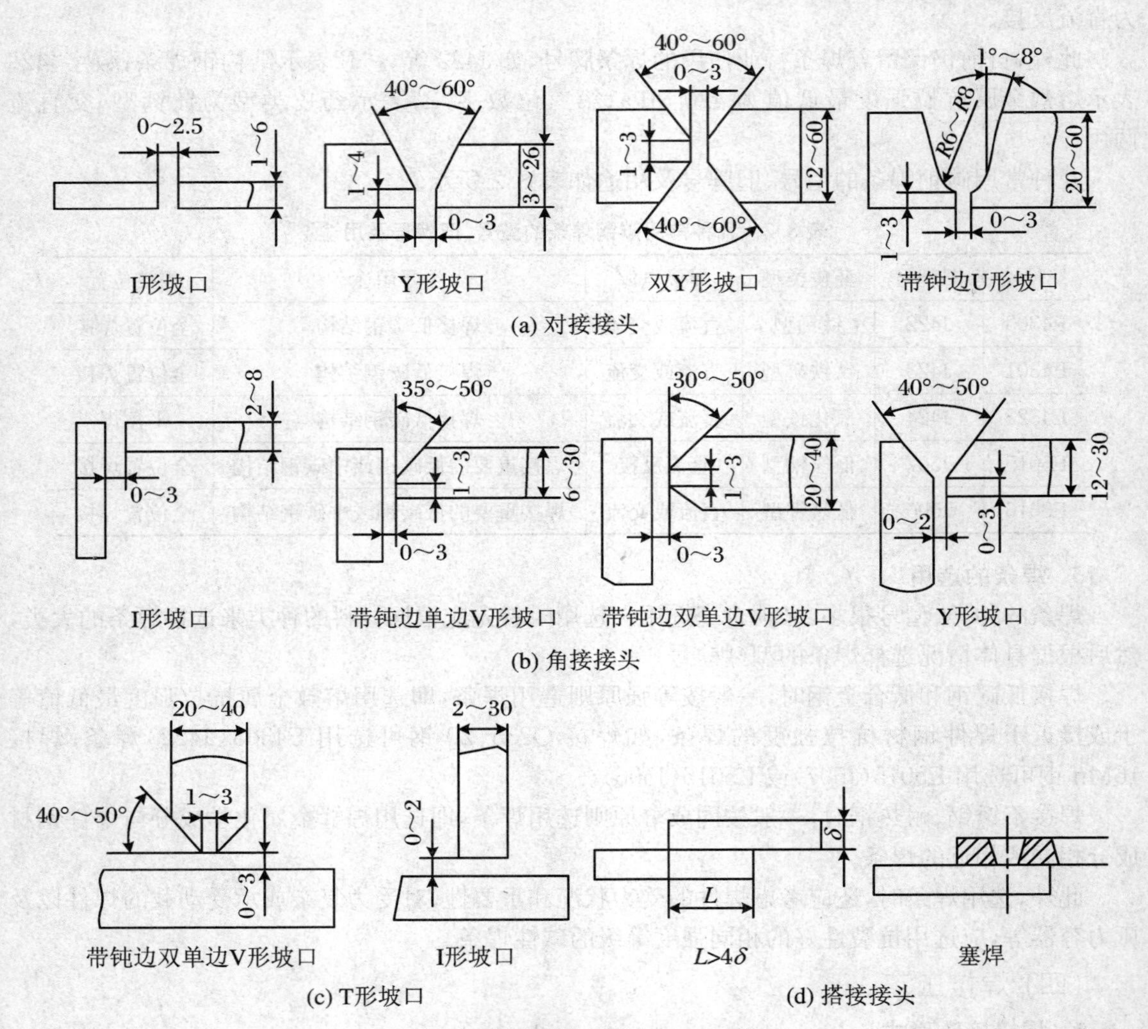

图 8.7 焊接接头形式与坡口形式

加工坡口时，通常在焊件厚度方向留有直边，称为钝边，其作用是为了防止烧穿。接头组装时，往往留有间隙，这是为了保证焊透。焊件较厚时，为了焊满坡口，要采用多层焊或多层多道焊。

3. 焊接位置

焊接时，根据焊缝在空间所处位置的不同，可分为平焊、立焊、横焊和仰焊，如图 8.8 所示。其中以平焊最容易操作，并且劳动条件好、生产率高、焊缝质量易于保证。立焊、横焊难度次之，仰焊最难。

4. 焊接工艺参数

手弧焊的焊接工艺参数包括焊条直径和牌号、焊接电流、电流种类和极性、电弧电压、焊接速度和焊接层数等。焊接工艺参数对焊接生产率和焊接质量有很大的影响，因此必须正确选择。

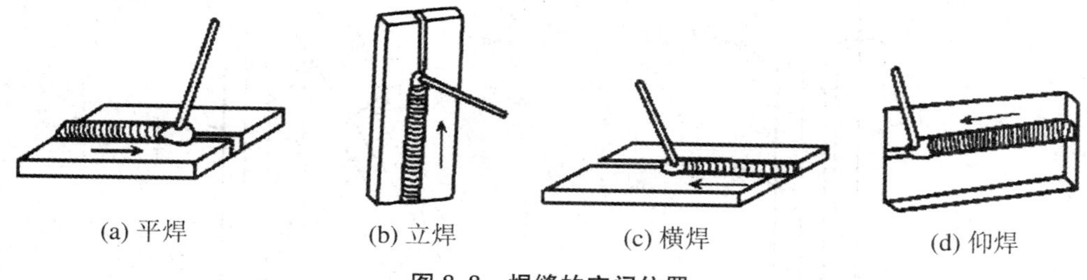

图 8.8　焊缝的空间位置

(1) 焊条直径和焊接电流

焊条直径的选择主要取决于被焊工件的厚度。厚度越大，要求焊缝尺寸也越大，就需选用直径大一些的焊条。一般情况下，焊件厚度和焊条直径之间的关系可参考表 8.3。多层焊的第一层焊缝和非水平位置施焊的焊条，应采用直径较小的焊条。然后，根据焊条直径选择焊接电流。一般情况下，可根据下面的经验公式来进行选择

$$I = (30 \sim 55)d$$

式中，I 为焊接电流(A)，d 为焊条直径(mm)。

表 8.3　焊条直径的选择

焊件厚度(mm)	2	3	4~7	8~12	>12
焊条直径(mm)	1.6~2.0	2.5~3.2	3.2~4.0	4.0~5.0	4.0~5.8

在实际生产中，选择电流大小，还应考虑工件的厚度、接头形式、焊接位置和现场使用情况。在保证焊接质量的前提下，尽量采用较大的焊接电流，配合适当大的焊接速度，以提高生产率。焊接电流初步确定后，要经过试焊，检查焊缝质量和缺陷，才能最终确定。

(2) 焊接速度

焊接速度是指焊条沿焊接方向移动的速度，它对焊缝质量影响很大。焊接速度过快，易产生焊缝熔深、熔宽太小及未焊透等缺陷。焊接速度过慢，则焊缝熔深、熔宽增加，特别是焊薄板时容易烧穿。

(3) 电弧电压

电弧电压主要决定于弧长。电弧长，电弧电压高；电弧短，电弧电压低。电弧过长，燃烧不稳定，熔深减小，容易产生焊接缺陷。因此，焊接时尽可能采用短弧焊接。一般情况下要求电弧长度不超过焊条直径，立、仰焊时弧长应比平焊时更短一些，碱性焊条应比酸性焊条弧长短一些。

(五) 手弧焊操作技术

1. 引弧

常用的引弧方法有敲击法和摩擦法，如图 8.9 所示。将焊条在焊件上轻敲或轻划一下，然后迅速将焊条提起 2~4 mm 的距离，电弧即被引燃。

2. 运条

为使焊接过程正常进行，并使焊缝成形较好，不但要掌握好焊条角度，而且要操纵焊条做好三个基本动作，即随着焊条熔化均匀向下送进，保持电弧长度约等于焊条直径；沿焊接方向(纵)均匀前移；沿焊缝横向摆动，以保证焊缝有足够的宽度。

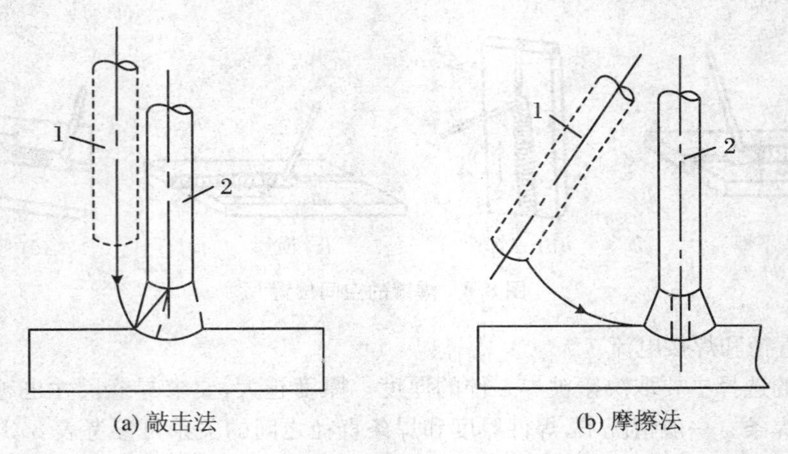

图 8.9 引弧方法

3. 焊缝的收尾

当焊缝焊完时,应有一个收尾动作,以填满弧坑。为此焊条在焊缝收尾处应停止前移,并划个小圈,填满弧坑时再提起焊条,拉断电弧;或在收尾处反复熄灭和点燃电弧数次,直到填满弧坑。

二、其他焊接方法

(一) 埋弧自动焊

埋弧自动焊是利用连续送进的焊丝在焊剂层下产生电弧而自动进行焊接的方法,图 8.10 所示为埋弧自动焊的焊缝形成过程。

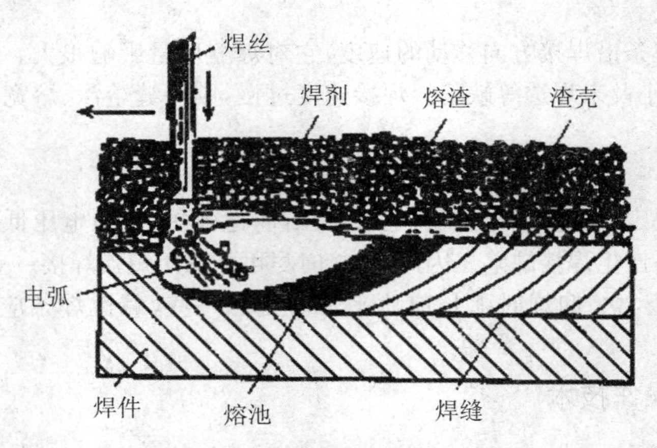

图 8.10 埋弧焊焊缝的形成过程

埋弧自动焊以连续送进的焊丝代替手弧焊的焊条,以颗粒状的焊剂代替焊条药皮。焊接时,在电弧高温作用下,焊件、焊丝和焊剂熔化形成熔池与熔渣,熔池受熔渣和焊剂蒸气的保护与空气隔绝。随着电弧向前移动,熔池在熔渣覆盖层下凝固形成焊缝。

埋弧自动焊具有以下特点:

① 埋弧焊不存在由于提高电流而造成焊条药皮发红失效的问题,可使用较大的电流焊接,

因此熔深大，生产率高。对 20 mm 以下的对接焊缝可不开坡口，不留间隙。

② 埋弧焊没有弧光，焊接烟尘较少，劳动条件较好。

③ 电弧和熔池被封闭在液态熔渣中，保护效果好；焊接规范自动控制，故焊接质量稳定，焊缝成形美观。

（二）气体保护焊

气体保护焊是利用保护气体通入电弧区，排开电弧周围的空气，来保护电弧和熔池的焊接方法。常用的保护气体有氩气和二氧化碳等。

1. 氩弧焊

氩弧焊是用惰性气体氩气作为保护气体的一种气体保护焊。按使用电极不同，氩弧焊可分为非熔化极氩弧焊（TIG 焊）和熔化极氩弧焊（MIG 焊）。

非熔化极氩弧焊采用高熔点的纯钨、钍钨或铈钨棒作电极，又称钨极氩弧焊，如图 8.11 所示。焊接时，钨极不熔化，仅起引弧和维持电弧的作用，须另加焊丝作填充金属。由于钨极的载流能力有限，电弧的功率受到一定的限制，所以焊缝的熔深较浅，焊接速度较慢，钨极氩弧焊一般仅适用于焊接厚度小于 4 mm 的焊件。

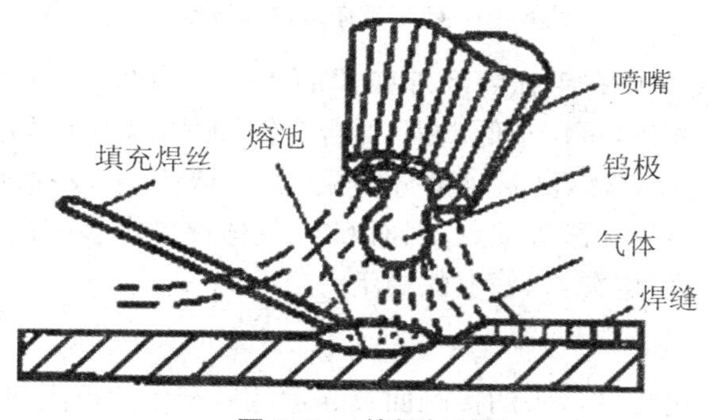

图 8.11　钨极氩弧焊

熔化极氩弧焊是以连续送进的金属焊丝作电极和填充金属的，如图 8.12 所示。可采用较大的焊接电流，适合于较厚金属的焊接。

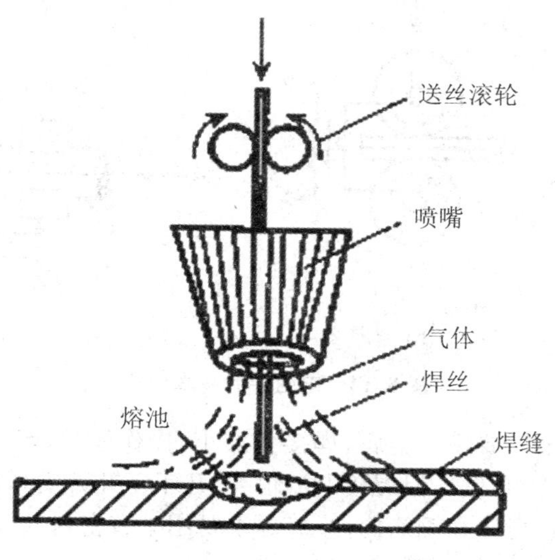

图 8.12　熔化极氩弧焊

2．CO_2 气体保护焊

CO_2 气体保护焊是以 CO_2 为保护气体的气体保护焊。它用焊丝作电极和填充金属，以自动或半自动方式进行焊接。目前，应用较多的是半自动 CO_2 气体保护焊，其焊接设备主要由焊接电源、焊枪、送丝机构、供气系统和控制系统等部分组成，如图 8.13 所示。

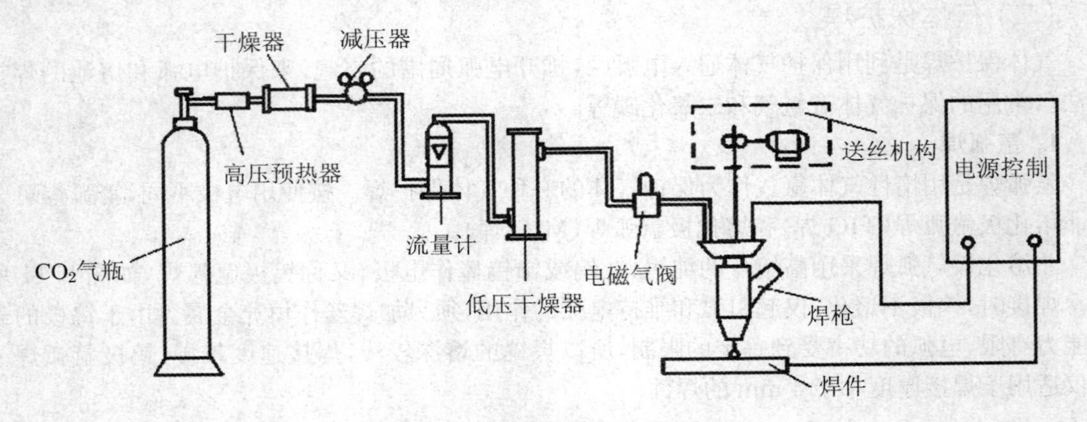

图 8.13 CO_2 气体保护焊设备

CO_2 气体保护焊的成本只有手弧焊和埋弧焊的 40%～50%，其电弧穿透力强，熔敷速度快，生产率比手弧焊高 1～4 倍，可用于低碳钢、低合金钢、耐热钢和不锈钢的焊接。

由于 CO_2 气体是氧化性气体，高温时可分解成 CO 和氧原子，易造成合金元素烧损、焊缝吸氧，导致电弧稳定性差、金属飞溅等缺点，因而 CO_2 气体保护焊多配用含锰、硅元素的焊丝进行脱氧和渗合金，并使用直流电源，以使电弧稳定。

（三）电阻焊

电阻焊是利用电流通过焊件接头的接触面及邻近区域产生的电阻热，把焊件加热到塑性状态或局部熔化状态，再在压力作用下形成牢固接头的一种压焊方法。电阻焊可分为点焊、缝焊和对焊三种，如图 8.14 所示。

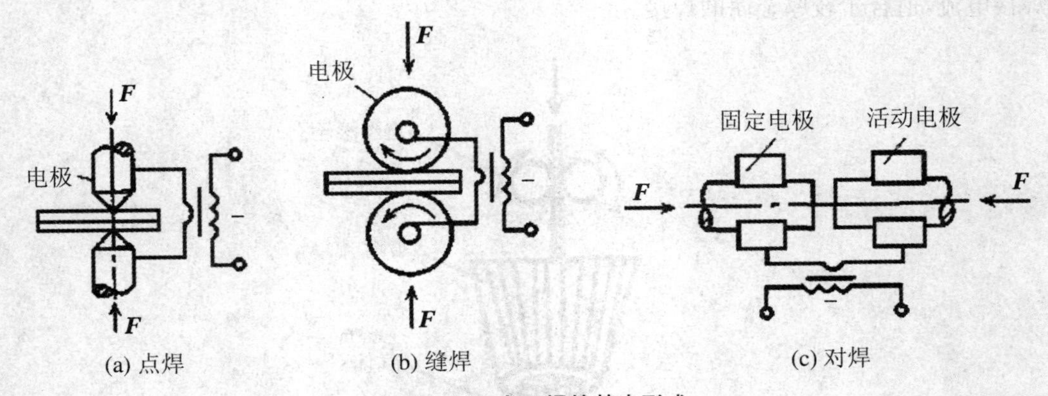

图 8.14 电阻焊的基本形式

电阻焊的生产率高，不需要填充金属，焊接变形小，操作简单，易于实现自动化生产。电阻焊时，焊接电压很低（几至十几伏），但焊接电流很大（几千至几万安），故要求电源功率大。

点焊主要适用于薄板、壳体和钢筋构件；缝焊主要用于有密封性要求的薄壁容器；对焊广泛用于焊接杆状零件，如刀具、钢筋、钢轨等。

（四）钎焊

钎焊是采用比母材熔点低的金属材料作钎料，将焊件和钎料加热到高于钎料熔点、低于母材熔点的温度，利用液态钎料润湿母材，填充接头间隙并与母材相互扩散实现连接焊件的方法。钎焊与其他焊接方法的根本区别在于加热时仅钎料熔化，焊件不熔化。

按钎料熔点不同，钎焊可分为硬钎焊和软钎焊两类。

1. 硬钎焊

钎料熔点高于 450 ℃的钎焊称为硬钎焊。常用钎料有铜基钎料和银基钎料等。硬钎焊接头强度大于 200 MPa，适用于钎焊受力较大、工作温度较高的焊件。

2. 软钎焊

钎料熔点在 450 ℃以下的钎焊称为软钎焊。常用钎料是锡铅钎料。软钎焊接头强度低于 70 MPa，主要用于钎焊受力不大或工作温度较低的焊件。

钎焊时，一般都需要使用钎剂。钎剂能清除被焊金属表面的氧化膜及其他杂质，改善钎料流入间隙的性能（即润湿性），保护钎料及焊件不被氧化。硬钎焊时，常用钎剂有硼砂、硼砂和硼酸的混合物等；软钎焊时，常用钎剂是松香、氯化锌溶液等。

钎焊与一般熔焊相比，加热温度低，组织和力学性能变化很小，变形也小，接头光滑平整，焊件尺寸精确。钎焊可以连接同种或异种金属，也可以连接金属和非金属。钎焊还可以连接一些复杂形状的构件，生产率高、设备简单、投资费用少。但是钎焊的接头强度低、耐热性较差。主要用于焊接电子元件、精密仪表机械、异种金属构件及复杂的薄板构件等。

（五）等离子弧焊接与切割

1. 等离子弧的形成

普通电弧焊产生的电弧，其电弧区内的气体尚未电离，能量不够集中，这种电弧未受外界约束，称为自由电弧。等离子弧是将自由电弧进行强迫压缩、集中而获得的。与自由电弧相比，等离子弧的能量密度和温度显著增大，弧柱中心温度可达 18 000～24 000 ℃。

等离子弧可通过以下三种压缩方式获得：

(1) 机械压缩

利用水冷喷嘴孔道限制弧柱直径来提高弧柱的能量密度和温度。

(2) 热压缩

水冷喷嘴温度较低，从而在喷嘴内壁建立起一层冷气膜，迫使弧柱导电端面进一步减小，电流密度进一步提高。

(3) 电磁压缩

弧柱电流本身产生的磁场对弧柱有压缩作用，电流密度越大电磁收缩作用越强。

2. 等离子弧的类型

按电源连接方式分，等离子弧有非转移型、转移型和联合型三种类型，其类型如图 8.15 所示。非转移型等离子弧直接在电极和喷嘴之间燃烧，水冷喷嘴既是电弧的电极，又起冷却约束作用，而工件不接电源，主要用于非金属焊接与切割。转移型等离子弧在电极和工件之间燃烧，水冷喷嘴不接电源，仅起冷却约束作用。转移型等离子弧必须先引燃非转移弧，然后再过渡到转移弧，它具有传递热量多的优点，金属焊接和切割大多采用它。非转移弧和转移弧也可以同时存在，成为联合型等离子弧。此时需要用两个电源独立供电，主要用于微束等离子弧焊接和粉末堆焊等。

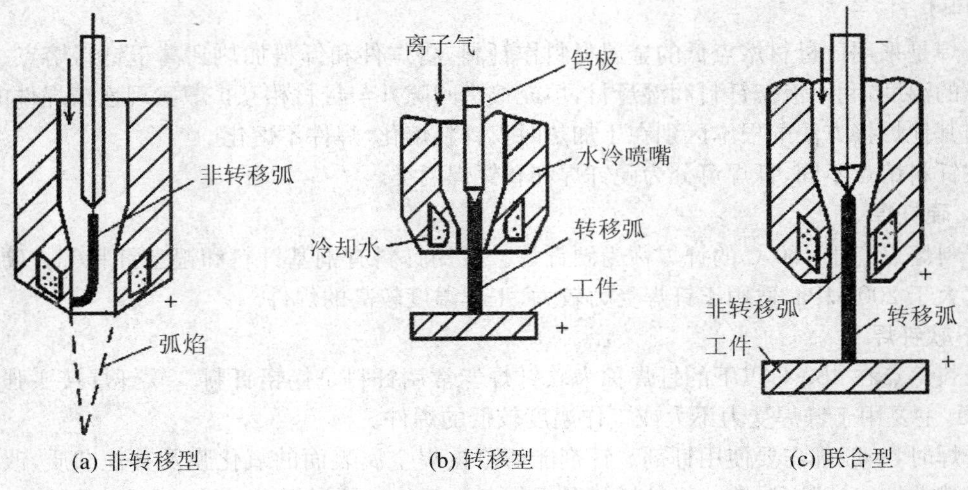

(a) 非转移型　(b) 转移型　(c) 联合型

图 8.15　等离子弧的形式

3．等离子弧焊接

等离子弧焊可分为大电流等离子弧焊、微束等离子弧焊等。

(1) 大电流等离子弧焊

有两种工艺：一种为穿孔型等离子弧焊；一种为熔入型等离子弧焊。

① 穿孔型等离子弧焊。在等离子能量密度足够和等离子流力足够大的条件下焊接，使工件表面产生穿透小孔，熔化金属被排挤在小孔周围和后方，随着等离子弧前移，小孔也前移，该现象叫小孔效应。该焊接工艺方法称为穿孔型等离子弧焊。穿孔型离子弧焊可以保证完全焊透，一般大电流等离子弧焊(100～300 A)采用此方法。但穿孔效应只能在有足够的能量密度条件下形成，且能量密度的提高受到限制，故该加工方法只能在有限厚板焊接时使用。

② 熔入型等离子弧焊。当离子气流量减小，穿孔效应消失时采用。该方法的焊缝成形原理和钨氩弧焊相似，其主要用于薄板单面焊双面成形及厚板的多层焊。

(2) 微束等离子弧焊

微束等离子弧焊是指 15～30 A 以下的熔入型等离子弧焊。其等离子弧喷射速度和能量密度较小，比较柔和，可用于焊接 0.025～2.5 mm 的箔材及薄板。

4．等离子弧切割

等离子弧切割是一种常用的金属和非金属材料切割方法。它是依靠高温、高速和高能的等离子弧及其焰流，把切割区的材料熔化和蒸发并吹离母材，并随着割炬的移动而形成割缝。等离子弧柱的温度高，远远超过所有金属以及非金属的熔点。因此，等离子弧切割过程不是依靠氧化反应，而是靠熔化来切割材料的，因而比氧气切割方法的适用范围大得多。

(六) 其他焊接方法

以上介绍了焊接的基本工艺方法，除此之外，还有一些特殊的焊接工艺。

1．摩擦焊

这是利用焊件表面相互摩擦所产生的热，使端面达到热塑性状态，然后迅速顶锻，完成焊接的一种压力焊方法。其特点是质量好、质量稳定、生产率高、易实现自动化、表面清理要求不高等，尤其适于异种材料焊接，如各种铝—铜过渡接头、铜—不锈钢水电接头、石油钻杆、电站锅炉蛇形管和阀门等。但设备投资大，工件必须有一个是回转体，不宜焊摩擦系数小的材料或惰性材料。

2. 超声波焊

这是利用超声波的高频振荡能对焊件接头进行局部加热和表面清理，然后施加压力实现焊接的一种压力焊方法。因焊接过程中无电流流经焊件，也无火焰、电弧等热源作用，所以焊件表面无变形、无热影响区，表面无须严格清理，焊接质量好。适用于厚度小于 0.5 mm 的工件焊接，尤其适用于异种材料的焊接，但功率小、应用受限。

3. 爆炸焊

这是利用炸药爆炸产生的巨大冲击力和热量造成焊件的迅速碰撞，实现连接焊件的一种焊接方法。任何具有足够强度和塑性并能承受工艺过程所要求的快速变形的金属，均可以进行爆炸焊。主要用于材料性能差异大而用其他方法难焊的场合，如铝—钢、钛—不锈钢、钽、锆等的焊接，也可用于制造复合板。爆炸焊无须专用设备，工件形状、尺寸不限，但以平板、圆柱、圆锥形为宜。

4. 磁力脉焊

磁力脉焊依靠被焊工件之间脉冲磁场相互作用而产生冲击的结果来实现金属之间的连接。其作用原理与爆炸焊相似。可用来焊接薄壁管材、异种金属，如铜—铝、铝—不锈钢、铜—不锈钢、锆—不锈钢等。

5. 电渣焊

这是利用电流通过液体熔渣所产生的电阻热进行熔化焊的方法。可用于焊接大厚度工件（通常用于板厚 36 mm 以上的工件，最大厚度可达 2 m），生产效率比电弧焊高，不开坡口，只在接缝处保持 20～40 mm 的间隙，节省钢材和焊接材料，因此经济效益好。可以“以焊代铸”“以焊代锻”减轻结构质量，缺点是焊接接头晶粒粗大，对于重要结构，可通过焊后热处理来细化晶粒，改善力学性能。

6. 电子束焊

电子束焊在真空环境中，从炽热阴极发射的电子被高压静电场加速，并经磁场聚集成高能量密度的电子束，以极高的速度轰击焊件表面，由于电子运动受阻而被制动，遂将动能转化为热能而使焊件熔化，从而形成牢固的接头。其特点是焊速很快、焊缝深而窄、热影响区和焊接变形极小、焊缝质量极高。能焊接其他焊接工艺难以焊接的、形状复杂的焊件，能焊接特种金属和难熔金属，也适用于异种金属及金属与非金属的焊接等。

7. 激光焊

这是以聚焦的激光束作为热源轰击焊件所产生的热量进行焊接的方法。其特点是焊缝窄、热影响区和变形极小，在大气中能远距离传射到焊件上，不像电子束那样需要真空室，但穿透能力不及电子束焊。激光焊可进行同种金属或异种金属间的焊接，其中包括铝、铜、银、铌、镍、铬、钼以及难熔金属材料等，甚至还可焊接玻璃钢等非金属材料。

三、焊接缺陷及质量检验

（一）焊接缺陷

在焊接生产过程中，由于焊接结构设计的原因、焊接规范确定的原因、焊前准备和操作方法等不恰当的原因，均会产生各种各样的焊接缺陷。焊接缺陷的存在直接影响焊接接头的质量及焊接结构的安全性。

焊缝常见缺陷包括：气孔、夹渣、夹钨、内凹、焊瘤、烧穿、未焊透、未熔合、裂纹等。

缺陷形成及产生原因：

1．气孔

熔池冷却凝固之前来不及逸出残留气体（一氧化碳、氢气）形成的空穴。因焊条焊剂烘干不够；坡口油污不干净；防风不利导致电弧偏吹；保护气体作用失效等原因所致。

2．夹渣

残留在焊缝内的熔渣或非金属夹杂物（氮化物、硅酸盐）。因坡口不干净；层间清渣不净；焊接电流过小；焊接速度过快；熔池冷却过快，熔渣及夹杂物来不及浮起等原因所致。

3．未焊透

接头部分金属未完全熔透。因焊接电流小；焊速过快；坡口角度小；间隙小；坡口加工不规范；焊偏；钝边过大等原因所致。

4．未熔合

填充金属与母材或填充金属之间未熔合在一起。因坡口不干净；电流小；运条速度过快；焊条角度不当（焊偏）等原因所致。

5．夹钨

钨熔点高，未熔化并凝固在焊缝中。因不熔化极氩弧焊极脱落所致。

6．内凹

表面填充不良。因焊条插入不到位所致。

7．裂纹

焊接中或焊接后，在焊缝或母材的热影响区局部的缝隙破裂。

(1) 热裂纹

焊缝金属从液态凝固到固体时产生的裂纹（晶间裂纹）。因接头中存在低熔点共晶体，偏析；由于焊接工艺不当所至。

(2) 冷裂纹

焊接成形后，几小时甚至几天后产生（延迟裂纹）。产生原因：相变应力（碳钢冷却过快时，产生马氏体向珠光体、铁素体过渡时产生）；结构应力（热胀冷缩的应力、约束力越高应力越大，这是低碳钢产生冷裂纹的主要原因。忌强力装配）和氢脆（氢气作用使材料变脆，壁厚较大时易出现）所至。

(3) 再热裂纹

再次加热产生。

(二) 焊接检验方法

对焊接接头进行检验是保证焊接质量的主要措施。常用的检验方法有以下几种：

1．外观检验

焊后首先要进行外观检验。它是用肉眼或低倍放大镜检查焊缝区有无可见裂纹等，如未焊透、咬边、焊瘤、表面气孔、裂纹、尺寸不合格等。

2．无损探伤

(1) 着色检验

利用流动性和渗透性良好的着色剂显示焊件表面的微小缺陷。

(2) 射线检验

利用 X 光或 γ 射线对焊件照相，根据底片影像判断焊件内部的缺陷。

(3) 超声波检验

利用探头向焊件发射超声波。超声波遇到缺陷反射回来，在探伤仪的荧光屏上形成脉冲波形。根据脉冲波形可判断缺陷的位置和大小。

(4) 磁粉检验

利用焊件被磁化后磁粉会吸附在缺陷处的现象来判断缺陷的位置和大小。一般用来检验磁性材料浅表层的缺陷。

3. 密封性检验

对于密封性要求高的压力容器，可进行水压或气压试验来检查焊缝的密封性和承压能力。方法是向容器内注入 1.25～1.5 倍工作压力的水或等于工作压力的气体，然后从外部观察有无渗漏现象。

另一类是破坏性试验，为了评定焊接接头的承载能力，还可以将焊接接头制成试样，进行拉伸、弯曲、冲击等力学性能试验。当需知焊缝化学成分和接头金相组织时，可对焊缝进行化学分析和接头金相组织检验。

练一练

平焊是在平焊位置的焊件上堆敷焊道的一种操作方法，如图 8.16 所示。

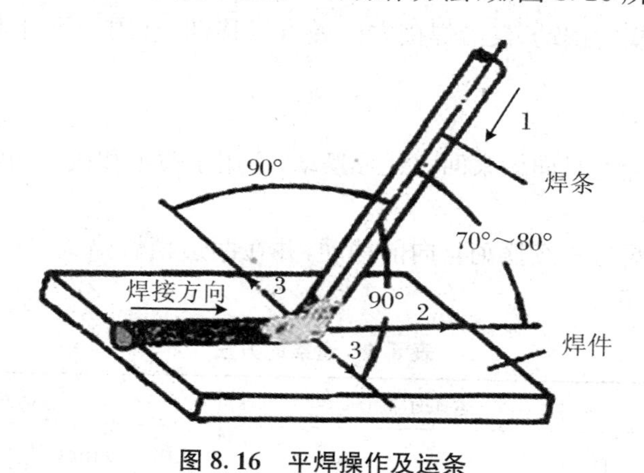

图 8.16　平焊操作及运条

1-向下送进；2-沿焊接方向移动；3-横向摆动

(一) 操作要点

运条及运条方法、起头、焊道连接、收尾等。

(二) 焊前准备

① 焊件：低碳钢板，100 mm×300 mm×6 mm。

② 焊条：E4303，Ø3.2。

③ 按图划线。

④ 启动焊机安全检查、调试电流(100～200 A，根据电焊机、电缆电阻调节)。

(三) 操作要领

1. 运条

运条一般分为三个基本动作：沿焊条中心线向熔池送进、沿焊接方向移动和横向摆动，见

图 8.16。

沿焊条中心线向熔池送进，既是为了向熔池添加填充金属，也是为了在焊条熔化后，继续保持一定的电弧长度，因此，焊条的送进速度应与熔化速度相同。否则，会发生断弧或焊条粘在焊件上的现象。电弧长度通常为 2～4 mm，碱性焊条较酸性焊条弧长要短些。

焊条沿焊接方向移动，目的是控制焊道成形。若焊条移动速度太慢，则焊道会过高、过宽、外形不整齐。焊接薄板时甚至会发生烧穿等缺陷。若焊条移动太快，则焊条和焊件熔化不均，会造成焊道较窄甚至未焊透等缺陷。焊条沿焊接方向移动速度，由焊接电流、焊条直径及接头的类型来决定。

焊条的横向摆动，是为了给焊件输入足够的热量、同时排渣、排气等，并获得一定宽度的焊缝或焊道。其摆动范围根据焊件厚度、坡口形式、焊道层次和焊条直径来确定。

上述三个动作组成焊条有规则的运动，焊工可根据焊接位置、接头类型、焊条直径与性能、焊接电流大小以及技术熟练程度等因素来掌握。运条的关键是平稳、均匀，焊条的几个角度不能随意改变。

2. 运条的方法

在焊接实践中运条的方法有很多，可根据焊缝位置、焊件厚度、接头形式等不同因素来确定运条手法。以下介绍几种常用的运条方法，见表 8.4。

(1) 直线形运条法

焊接时，焊条不作横向摆动，仅沿焊接方向做直线移动，常用于不开坡口的对接平焊、多层多道焊。

(2) 直线往复运条法

焊接时，焊条沿焊缝的纵向做来回直线形摆动，适用于薄板和接头间隙较大的焊缝。

(3) 锯齿形运条法

焊接时，焊条做锯齿形连续摆动且向前移动，并在两边稍做停顿。这种方法在生产中应用较广，多用于厚板的焊接。

表 8.4 运条的方法

运条方向		运条示意图	适用范围
直线形			(1) 3～5 mm 厚度，I 形坡口对接平焊； (2) 多层焊的第一层焊道； (3) 多层多道焊
直线往返形		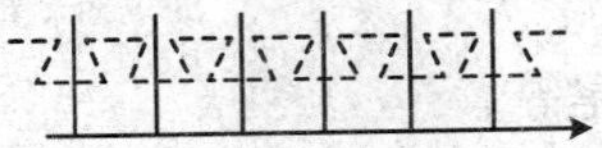	(1) 薄板焊； (2) 对接平焊(间隙较大)
锯齿形		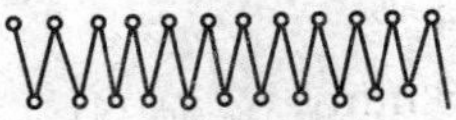	(1) 对接接头(平焊、立焊、仰焊)； (2) 角接接头(立焊)
月牙形			(1) 对接接头(平焊、立焊、仰焊)； (2) 角接接头(立焊)
三角形	斜三角形	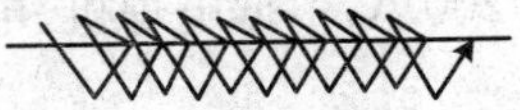	(1) 角接接头(仰焊)； (2) 对接接头(开 V 形坡口横焊)
	正三角形	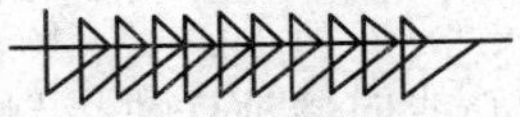	(1) 角接接头(立焊)； (2) 对接接头

续表

运条方向		运条示意图	适用范围
圆圈形	斜圆圈形		(1) 角接接头(平焊、仰焊); (2) 对接接头(横焊)
	正圆圈形		对接接头(厚焊件平焊)
八字形			对接接头(厚焊件平焊)

3. 起头

刚开始焊接时,由于焊件的温度很低,所以起点部位焊道较窄,余高略高,甚至会出现熔合不良和夹渣的缺陷。

为了解决上述问题,可以在引弧后稍微拉长电弧,对焊接处预热。从距离始焊点 10 mm 左右处引弧,回到始焊点,逐渐压低电弧,同时焊条作稍微摆动,从而达到所需要的焊道宽度,然后正常焊接,如图 8.17 所示。

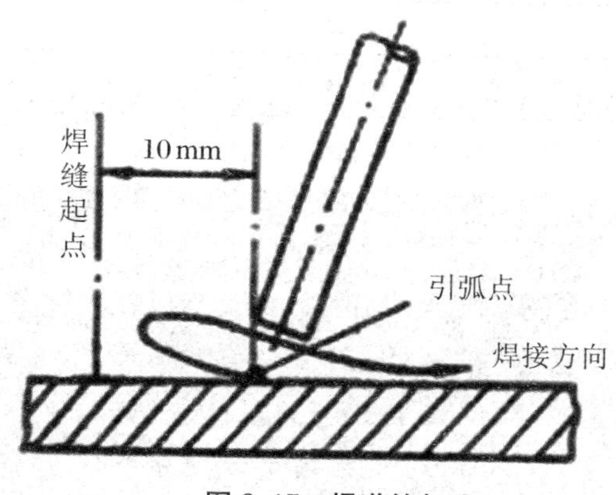

图 8.17　焊道的起头

4. 焊道的连接

在操作时,由于受焊条长度的限制或操作姿势的变换,一根焊条往往难以完成一条焊道。因此,出现了焊道前后两段的连接问题。焊道的连接一般有以下几种方式,如图 8.18 所示。

第一种接头方式(图 8.18(a))使用最多,接头的方法是在先焊焊道弧坑稍前处(约 10 mm)引弧。电弧长度比正常焊接略微长些(碱性焊条电弧不可加长,否则易产生气孔,然后将电弧移到原弧坑的 2/3 处),填满弧坑后,即向前进入正常焊接。如果电弧后移太多,则可能造成接头过高。后移太少,将造成接头脱节,产生弧坑未填满的缺陷。焊接接头时,更换焊条的动作越快越好。因为在熔池尚未冷却时进行接头,不仅能保证质量,而且焊道外表面美观。

第二种接头方式(图 8.18(b)),要求先焊焊道的起头处要略低些,接头时在先焊焊道的起头略前处引弧,并稍微拉长电弧,将电弧引向先焊焊道的起头处,并覆盖它的端头,待起头处焊道焊平后再向先焊焊道相反的方向移动。

第三种接头方式(图 8.18(c)),是后焊道从接口的另一端引弧,焊到前焊道的结尾处,焊接速度略慢些，以填满焊道的弧坑，然后以较快的焊接速度再向前焊一小段后熄弧。

第四种接头方式(图 8.18(d))，是后焊的焊道结尾与先焊的焊道起头相连接，要利用结尾时的高温重复熔化先焊焊道的起头处，将焊道焊平后快速收弧。

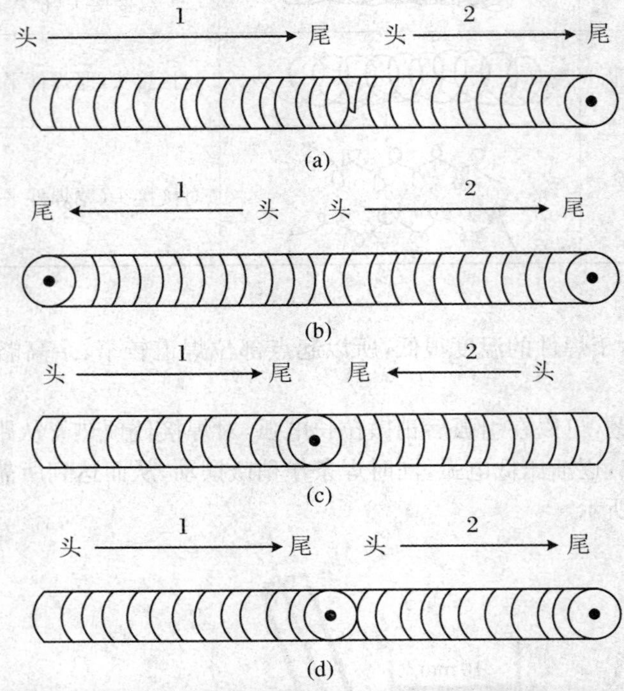

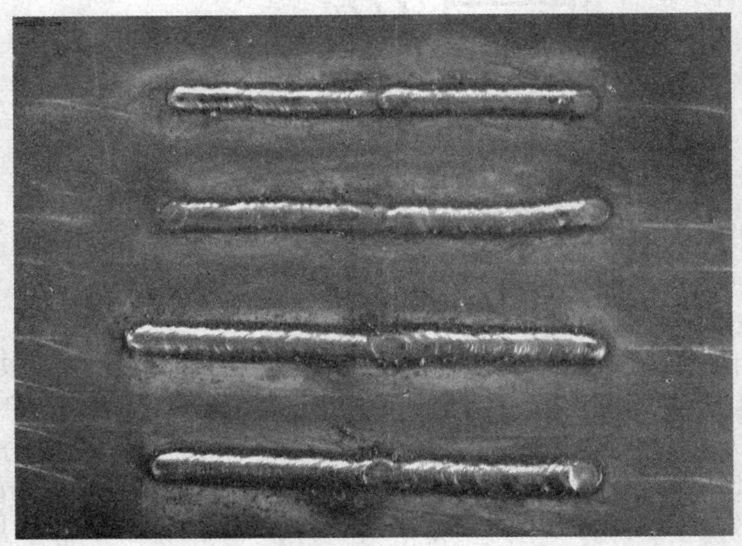

图 8.18 焊道的连接

5. 焊道的收尾

这是指一条焊道结束时如何收尾，如果操作无经验，收尾时即拉断电弧，则会形成低于焊件表面的弧坑，过深的弧坑使焊道收尾处强度减弱，并容易造成应力集中而产生弧坑裂纹。所以，收尾动作不仅是熄弧，还要填满弧坑。一般收尾动作有以下几种，如图 8.19 所示。

(1) 划圈收尾法

焊条移至焊道终点时，作圆圈运动，直到填满弧坑再拉断电弧。此法适用于厚板焊接，对于薄板则有烧穿的危险。

(2) 反复断弧收尾法

焊条移至焊道终点时，在弧坑上须反复熄弧—引弧数次，直到填满弧坑为止。此法适用于薄板焊接。但碱性焊条不宜用此法，因为容易产生气孔。

(3) 回焊收尾法

焊条移至焊道收尾处即停止，但未熄弧，此时应适当改变焊条角度。碱性焊条宜用此法。

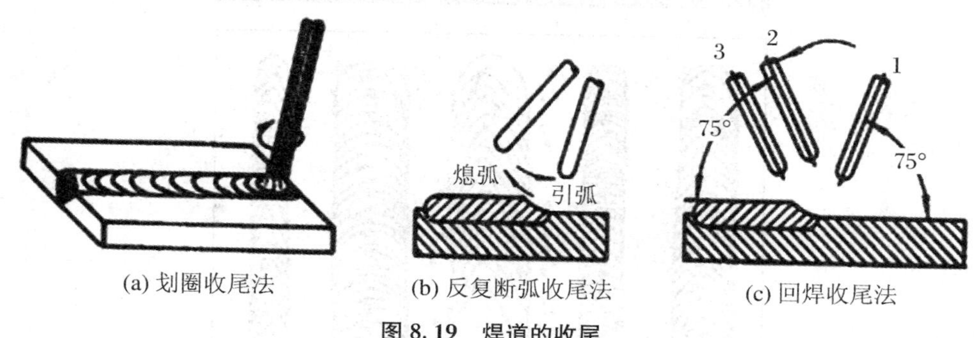

(a) 划圈收尾法　(b) 反复断弧收尾法　(c) 回焊收尾法

图 8.19　焊道的收尾

(4) 焊条直径与焊接电流的选择

手弧焊工艺参数的选择一般是先根据工件厚度选择焊条直径，再根据焊条直径选择焊接电流。

焊条直径应根据钢板厚度、接头类型、焊接位置等来加以选择。在立焊、横焊和仰焊时，焊条直径不得超过 4 mm，以免熔池过大，使熔化金属和熔渣下流。平板对接时焊条直径的选择可参考表 8.5。各种焊条直径常用的焊接电流范围可参考表 8.6。

表 8.5　焊条直径的选择

钢板厚度(mm)	≤1.5	2.0	3	4~7	8~12	≥13
焊条直径(mm)	1.6	1.6~2.0	2.5~3.2	3.2~4.0	4.0~4.5	4.0~5.8

表 8.6　焊接电流的选择

焊条直径(mm)	1.6	2.0	2.5	3.2	4.0	5.0	5.8
焊接电流(A)	25~40	40~70	70~90	100~130	160~200	200~270	260~300

(5) 焊接速度的选择

焊接速度是指单位时间所完成的焊缝长度，它对焊缝质量影响也很大。焊接速度由焊工凭经验掌握，在保证焊透和焊缝质量前提下，应尽量快速施焊。工件越薄，焊速应越高。图 8.20 表示焊接电流和焊接速度对焊缝形状的影响。

① 图 8.20(a)所示为焊缝形状规则的情况，焊波均匀并呈椭圆形，焊缝各部分尺寸符合要求，说明焊接电流和焊接速度选择合适。

② 图 8.20(b)表示焊接电流太小，电弧不易引出，燃烧不稳定，弧声变弱，焊波呈圆形，堆高增大和熔深减小。

③ 图 8.20(c)所示的焊缝的焊接电流太大，焊接时弧声强，飞溅增多，焊条往往变得红热，焊波变尖，熔宽和熔深都增加。焊薄板时易烧穿。

④ 图 8.20(d)所示的焊缝焊波变圆且堆高，熔宽和熔深都增加，这说明焊接速度太慢。焊薄板时可能会烧穿。

⑤ 图 8.20(e)所示的焊缝形状不规则且堆高，焊波变尖，熔宽和熔深都小，说明焊接速度过快。

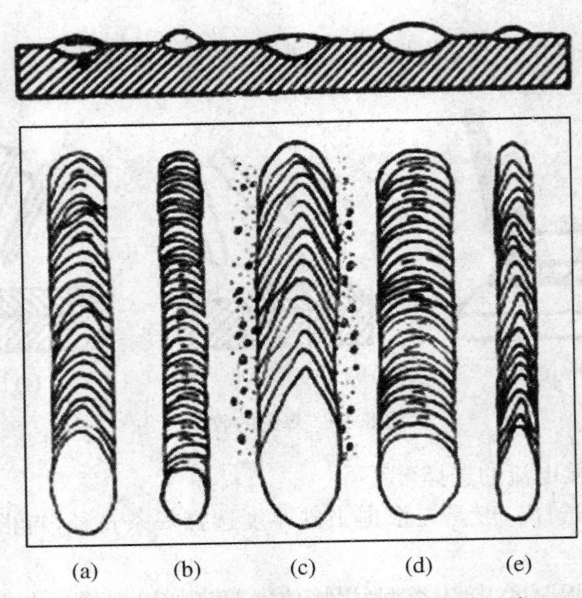

图 8.20　电流、焊速、弧长对焊缝形状的影响

掌握合适的焊接速度有两个原则：一是保证焊透；二是保证要求的焊缝尺寸。

6. 电弧长度(电弧电压)的选择

电弧电压由电弧长度决定，电弧长则电弧电压高，反之则低。焊条电弧焊时电弧长度是指焊芯熔化端到焊接熔池表面的距离，若电弧过长，则电弧飘摆、燃烧不稳定、熔深减小、熔宽加大、飞溅严重、焊缝保护不好，还会使焊缝产生未焊透、咬边和气孔等缺陷。若电弧太短，则熔滴过渡时可能经常发生短路，使操作困难。正常的电弧长度是小于或者等于焊条直径，即所谓短弧焊。电弧长度超过焊条直径者为长弧，反之为短弧。因此，操作时尽量采用短弧才能保证焊接质量，即弧长 $L=(0.5\sim1)d$(mm)，一般多为 2～4 mm。

7. 焊条角度

焊接时焊条与焊件之间的夹角应为 70°～80°，并垂直于前后两个面。

第九章　铸　　造

一、铸造概述

铸造工艺是将金属熔融后得到的液态金属注入预制好的铸型中，并使之冷却、凝固，获得一定形状和性能铸件的金属成型方法。铸造生产的铸件一般作为毛坯，需要经过机械加工后才能成为机器零件，少数对尺寸精度和表面粗糙度要求不高的零件也可以直接应用铸件。

（一）铸造工艺特点

铸造工艺具有以下特点：

1．适用范围广

几乎不受零件的形状复杂程度、尺寸大小和生产批量的限制，可以铸造壁厚0.3 mm～1 m、质量几克到数百吨的各种金属铸件。

2．可制造各种合金铸件

很多能熔化成液态的金属材料可以用于铸造生产，如铸钢、铸铁，各种铝合金、铜合金、镁合金、钛合金及锌合金等。生产中铸铁应用最广，约占铸件总产量的70%以上。铸件的形状和尺寸与图样设计零件非常接近，加工余量小；尺寸精度一般比锻件、焊接件高。

3．成本低廉

由于铸造容易实现机械化生产，铸造原料又可以大量利用废、旧金属材料，加之铸造动能消耗比锻造动能消耗小，因而铸造的综合经济性能好。

铸造工艺是机械制造工业中毛坯和零件的主要加工工艺，在国民经济中占有极其重要的地位。铸件在一般机器中占总质量的40%～80%；而在内燃机中占总质量的70%～90%；在机床、液压泵、阀中占总质量的65%～80%；在拖拉机中占总质量的50%～70%。铸造工艺广泛应用于机床制造、动力机械、冶金机械、重型机械、航空航天等领域。

铸造按生产方法不同，可分为砂型铸造和特种铸造。砂型铸造应用最为广泛，砂型铸件约占铸件总产量的80%以上，其铸型（砂型和型芯）是由型砂制作的。本章主要介绍广泛应用于铸铁件生产的砂型铸造方法。

（二）砂型铸造生产工序

砂型铸造的主要生产工序有制模、配砂、造型、造芯、合型、熔炼、浇注、落砂、清理和检验。以套筒铸件为例，砂型铸造的生产过程如图9.1所示，根据零件形状和尺寸，设计并制造模样和芯盒；配制型砂和芯砂；利用模样和芯盒等工艺装备分别制作砂型和型芯；将砂型和型芯合为一整体铸型；将熔融的金属浇注入铸型，完成充型过程；冷却凝固后落砂取出铸件；最后对铸件进行清理并检验。

（三）特种铸造

特种铸造有熔模铸造、压力铸造、低压铸造、金属型铸造、陶瓷型铸造、离心铸造、消失模铸

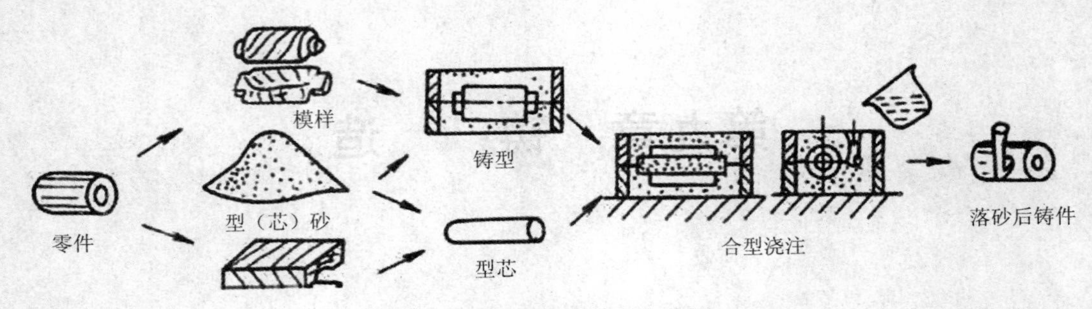

图 9.1 砂型铸造的生产过程

造、挤压铸造、连续铸造等。与砂型铸造相比，特种铸造有以下优点：

① 铸件尺寸精确，表面粗糙度值低，易于实现少切削或无切削加工，降低原材料消耗。

② 铸件内部质量好，力学性能高，铸件壁厚可以减薄。

③ 便于实现生产过程机械化、自动化，提高生产效率。

1．熔模铸造

熔模铸造又称“失蜡铸造”，其工艺流程如图 9.2 所示。这种方法是用易熔材料（如蜡料、松香料等）制成熔模样件，然后在模样表面涂敷多层耐火材料，干燥固化后加热熔出模料，其壳型经高温焙烧后浇入金属液即得到熔模铸件。

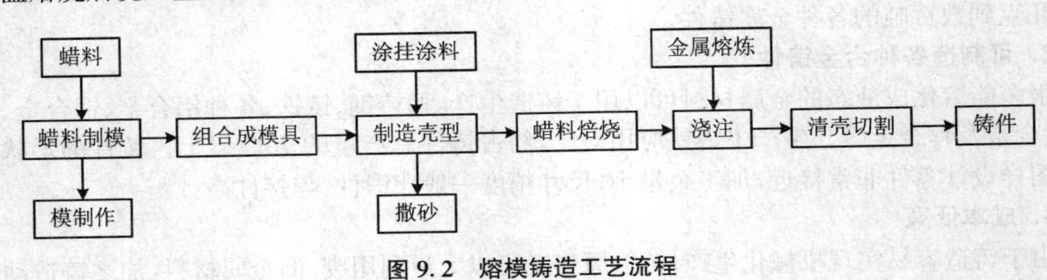

图 9.2 熔模铸造工艺流程

熔模铸造的特点是铸件尺寸精度高，能铸造外形复杂的零件，铝、镁、铜、钛、铁、钢等合金零件都能用此方法铸造，在航空航天、兵器、船舶、机械制造、家用电器、仪器仪表等行业都有应用，其典型产品有铸铝热交换器、不锈钢叶轮、铸镁金属壳体等。

2．金属型铸造

金属型铸造即采用金属材料如铸铁、铸钢、碳钢、合金钢、铜或铝合金等制造铸型，在重力下将熔融的金属浇入铸型获得铸件的工艺方法，其工艺流程如图 9.3 所示。

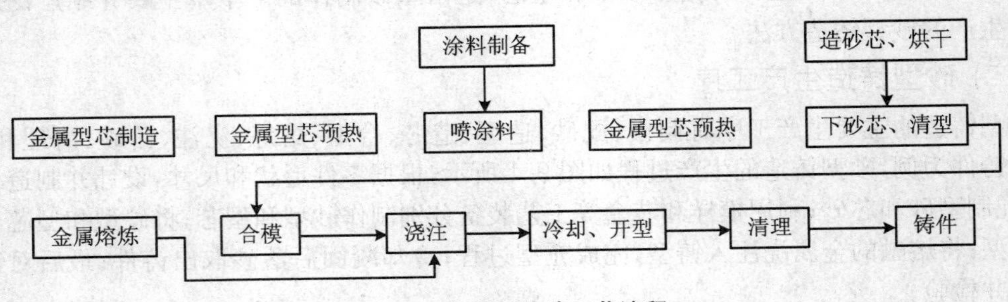

图 9.3 金属型铸造工艺流程

金属型可以数百次乃至数万次重复使用，金属型铸造不用或很少用型砂，可以节省生产费用，提高生产效率。另外，由于铸件冷却速度快、组织致密，其力学性能比砂型铸件高 15% 左右。

金属型铸造在发动机、仪表、农机等工业部门有广泛应用，一般适用于铸造不太复杂的中小型零件，很多合金零件都可采用金属型铸造，而其中又以铝、镁合金零件应用金属型铸造工艺最为广泛。因为金属型铸造周期长、成本较高，一般只有在成批或大量生产同一种零件时，这种铸造工艺才能显示出良好的经济效益。

3．压力铸造

压力铸造是将液态或半液态金属，在高压（5～150 MPa）作用下，以高速填充金属型腔，并在压力下快速凝固而获得铸件的一种铸造方法。压力铸造所用的模具称为压铸模，用耐热合金制造，压力铸造需要在压铸机上进行。图 9.4 为热室压铸填充过程示意图，当压射冲头上升时，坩埚内的金属液通过进口进入压室内；而当压射冲头下压时，金属液沿通道经喷嘴填充压铸模；冷却凝固成形，然后压射冲头回升；开模取出铸件，完成一个压铸循环。

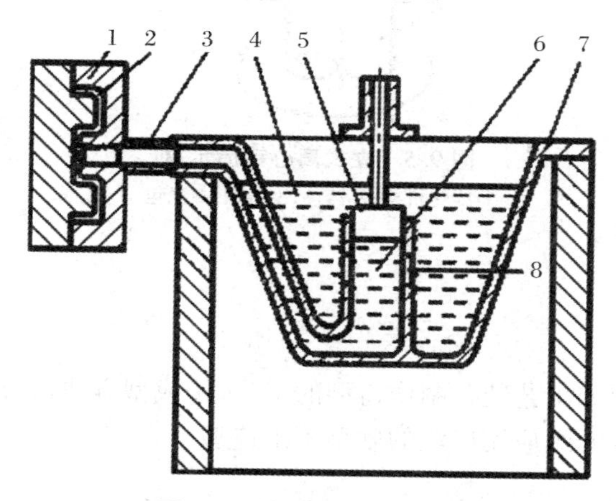

图 9.4 热室压铸填充过程

1-压铸模；2-型腔；3-喷嘴；4-金属液；5-压射冲头；6-压室；7-坩埚；8-进口

压力铸造工艺的优点有生产速度快、产品质量好、经济效益好。采用的压铸合金分为非铁合金和钢铁材料，目前应用广泛的是非铁合金，如铝、镁、铜、锌、锡、铅合金。压力铸造应用较多的行业有汽车、拖拉机、电气仪表、电信器材、医疗器械、航空航天等。

4．离心铸造

离心铸造是将熔化的金属通过浇注系统注入旋转的金属型内，在离心力的作用下充型，最后凝固成铸件的一种铸造方法。图 9.5 为圆环形铸件立式离心铸造示意图。金属型模的旋转速度根据铸件结构和金属液体重力决定，应保证金属液在金属型腔内有足够的离心力而不产生淋落现象，离心铸造常用旋转速度范围在 250～1 500 r/min 之间。

离心铸造的特点如下：

① 铸件致密度高，气孔、夹杂等缺陷少。

② 由于离心力的作用，可生产薄壁铸件。

③ 生产中型芯用量、浇注系统和冒口系统的金属消耗小。

离心铸造工艺主要应用于离心铸管、缸盖、轴套、轴瓦等零件的生产。

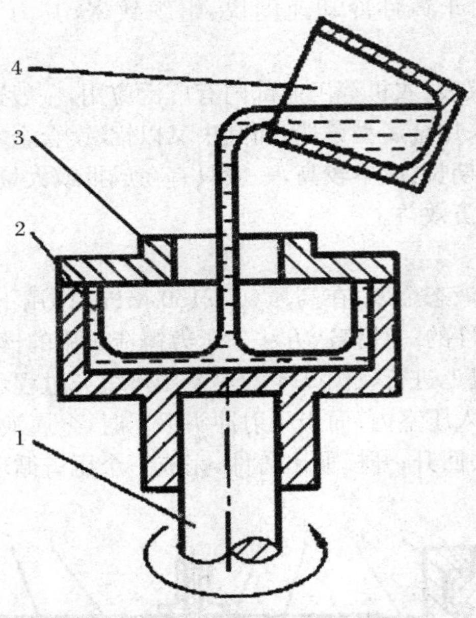

图 9.5 立式离心铸造示意

1-旋转机构；2-铸件；3-铸型；4-浇包

二、造型

造型是利用造型材料和工艺装备制作铸型的工序，按成型方法可分成手工造型（制芯）和机器造型（制芯）。本节主要介绍应用广泛的砂型手工造型。

（一）铸型的组成

铸型是根据零件形状用造型材料制成的。铸型一般由上砂型、下砂型、型芯和浇注系统等部分组成，如图 9.6 所示。上砂型和下砂型之间的接合面称为分型面。铸型中由砂型面和型芯面所构成的空腔部分，用于在铸造生产中形成铸件本体，称为型腔。型芯一般用来形成铸件的

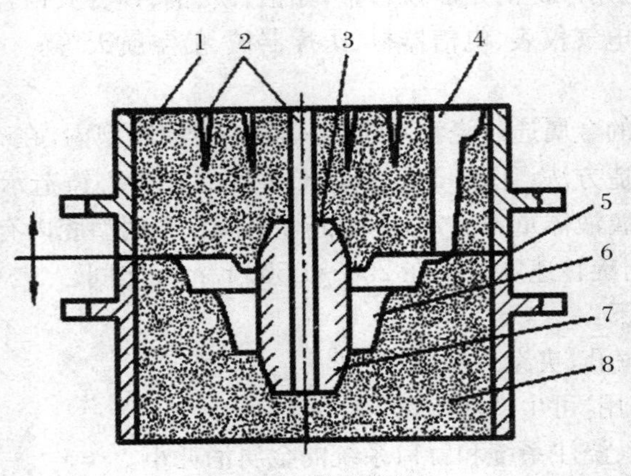

图 9.6 铸型装配

1-上砂型；2-出气孔；3-型芯；4-浇注系统；5-分型面；6-型腔；7-芯头、芯座；8-下砂型

内孔和内腔。金属液流入型腔的通道称为浇注系统。出气孔的作用在于排出浇注过程中产生的气体。

（二）型(芯)砂的性能

砂型铸造的造型材料为型砂，其质量好坏直接影响铸件的质量、生产效率和成本。生产中为了获得优质的铸件和良好的经济效益，对型砂性能有一定的要求。

1. 强度

型砂抵抗外力破坏的能力称为强度。它包括常温湿强度、干强度、硬度以及热强度。型砂要有足够的强度，以防止造型过程中产生塌箱和浇注时液体金属对铸型表面的冲刷破坏。

2. 成形性

型砂要有良好的成形性，包括良好的流动性、可塑性和不粘模性，铸型轮廓清晰，易于起模。

3. 耐火度

型砂承受高温作用的能力称为为耐火度。型砂要有较高的耐火度，同时应有较好的热化学稳定性、较小的热膨胀率和冷收缩率。

4. 透气性

型砂要有一定的透气性，以利于排出浇注时产生的大量气体。如果透气性过差，铸件中易产生气孔；透气性过高，易使铸件粘砂。另外，具有较小的吸湿性和较低发气量的型砂对保证铸造质量有利。

5. 退让性

退让性是指铸件在冷凝过程中，型砂能被压缩变形的性能。型砂退让性差，铸件在凝固收缩时易产生内应力、变形和裂纹等缺陷，所以型砂要有较好的退让性。

此外，型砂还要具有较好的耐用性、溃散性和韧性等性能。

（三）型(芯)砂的组成

将原砂或再生砂与黏接剂及其他附加物混合制成的物质称为型砂或芯砂。

1. 原砂

原砂即新砂，铸造用原砂一般采用符合一定技术要求的天然矿砂，最常使用的是硅砂。其二氧化硅的质量分数为80%～98%，硅砂粒度大小及均匀性、表面状态、颗粒形状等对铸造性能有很大影响。除硅砂外的其他造用砂称为特种砂，如石灰石砂、锆砂、镁砂、橄榄石砂、铬铁矿砂、钛铁矿砂等，这些特种砂性能较硅砂优良，但价格较贵，主要用于合金钢和碳钢铸件的生产。

2. 黏接剂

黏接剂的作用是使砂粒黏接在一起，制成砂型和型芯。黏土是铸造生产中用量最大的一种黏接剂，此外水玻璃、植物油、合成树脂、水泥等也是铸造常用的黏接剂。

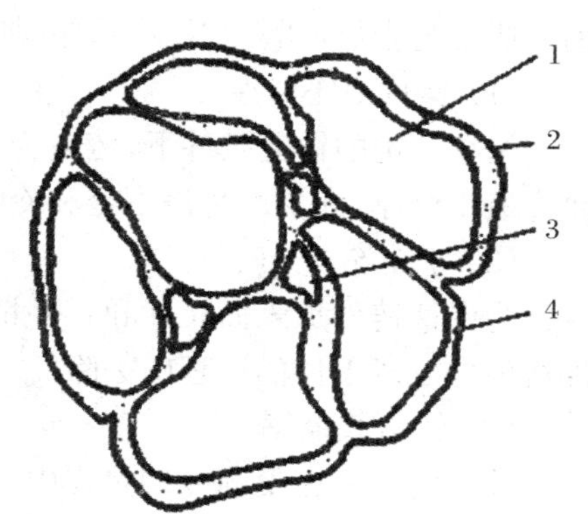

图 9.7　黏土砂结构

1-砂粒；2-黏土；3-孔隙；4-附加物

用黏土作黏接剂制成的型砂又称黏土砂，其结构如图 9.7 所示。黏土资源丰富、价格低廉、耐火度较高、复用性好。水玻璃砂可以适应造型、制芯工艺的多样性，在高温下具有较好的退让性，但水玻璃加入量偏高时，砂型及砂芯的溃散性差。油类黏接剂具有很好的流动性和溃散性、很高的干强度，适合于制造复杂的砂芯，浇出的铸件内腔表面粗糙度值低。

3. 涂料

涂敷在型腔和型芯表面、用以提高砂(芯)型表面抗粘砂和抗金属液冲刷等性能的铸造辅助材料称为涂料。使用涂料,有降低铸件表面粗糙度值,防止或减少铸件粘砂、砂眼和夹砂缺陷,提高铸件落砂和清理效率等作用。涂料一般由耐火材料、溶剂、悬浮剂、黏接剂和添加剂等组成。耐火材料有硅粉、刚玉粉、高铝矾土粉,溶剂可以是水和有机溶剂等,悬浮剂如膨润土等。涂料可制成液体、膏状或粉剂,用刷、浸、流、喷等方法涂敷在型腔、型芯表面。

型砂中除含有原砂、黏接剂和水等材料外,还加入一些辅助材料如煤粉、重油、锯木屑、淀粉等,使砂型和型芯增加透气性、退让性,提高抗铸件粘砂能力和铸件的表面质量,使铸件具有一些特定的性能。

(四) 型(芯)砂的制备

黏土砂根据在合箱和浇注时的砂型烘干与否可分为湿型砂、干型砂和表干型砂。湿型砂造型后不需烘干,生产效率高,主要应用于生产中、小型铸件;干型砂要烘干,它主要靠涂料保证铸件表面质量,可采用粒度较粗的原砂,其透气性好,铸件不容易产生冲砂、粘砂等缺陷,主要用于浇注中、大型铸件;表干型砂只在浇注前对型腔表面用适当方法烘干,其性能兼具湿砂型和干砂型的特点,主要用于中型铸件生产。

湿型砂一般由新砂、旧砂、黏土、附加物及适量的水组成。铸铁件用的湿型砂配比(质量比)一般为旧砂 50%～80%、新砂 5%～20%、黏土 6%～10%、煤粉 2%～7%、重油 1%、水 3%～6%。各种材料通过混制工艺使成分混合均匀,黏土膜均匀包覆在砂粒周围。混砂时先将各种干料(新砂、旧砂、黏土和煤粉)一起加入混砂机进行干混,再加水湿混后出碾。型(芯)砂混制处理好后,应进行性能检测,对各组元的含量如黏土的含量、有效煤粉的含量、水的含量等,砂性能如紧实率、透气性、湿强度、韧性等参数做检测,以确定型(芯)砂是否达到相应的技术要求,也可用手捏的感觉对某些性能作出粗略的判断。

(五) 模样、芯盒与砂箱

模样、芯盒与砂箱是砂型铸造造型时使用的主要工艺装备。

1. 模样

模样是根据零件形状设计制作,用以在造型中形成铸型型腔的工艺装备。设计模样要考虑到铸造工艺参数,如铸件最小壁厚、加工余量、铸造圆角、铸造收缩率和起模斜度等。

(1) 铸件最小壁厚

指在一定的铸造条件下,铸造合金能充满铸型的最小厚度。铸件设计壁厚若小于铸件工艺允许最小壁厚,则易产生浇不足和冷隔等缺陷。

(2) 加工余量

为保证铸件加工面尺寸和零件精度,在铸件设计时预先增加的金属层厚度,该厚度将在铸件机械加工成零件的过程中去除。

(3) 铸造收缩率

铸件浇注后在凝固冷却过程中,会产生尺寸收缩,其中以固态收缩阶段产生的尺寸缩小对铸件的形状和尺寸精度影响最大,此时的收缩率又称铸件线收缩率。

(4) 起模斜度

当零件本身没有足够的结构斜时,为保证造型时容易起模,避免损坏砂型,应在铸件设计时给出铸件的起模斜度。

图 9.8 为零件及模样关系示意图。

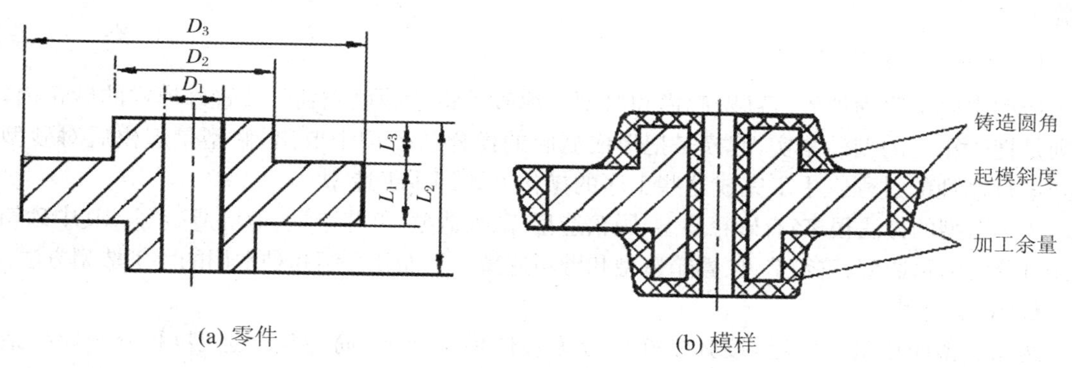

(a) 零件　　(b) 模样

图 9.8 零件与模样关系

2. 芯盒

芯盒是制造型芯的工艺装备。按制造材料可分为金属芯盒、木质芯盒、塑料芯盒和金木结构芯盒四类。在大量生产中,为了提高砂芯精度和芯盒耐用性,多采用金属芯盒。按芯盒结构又可分为敞开整体式、分式、敞开脱落式和多向开盒式等。

3. 砂箱

砂箱是铸件生产中必备的工艺装备之一,用于铸造生产中容纳和紧固砂型。一般根据铸件的尺寸、造型方法设计及选择合适的砂箱。按砂箱制造方法可把砂箱分为整铸式、焊接式和装配式。图 9.9 为小型和大型砂箱示意图。

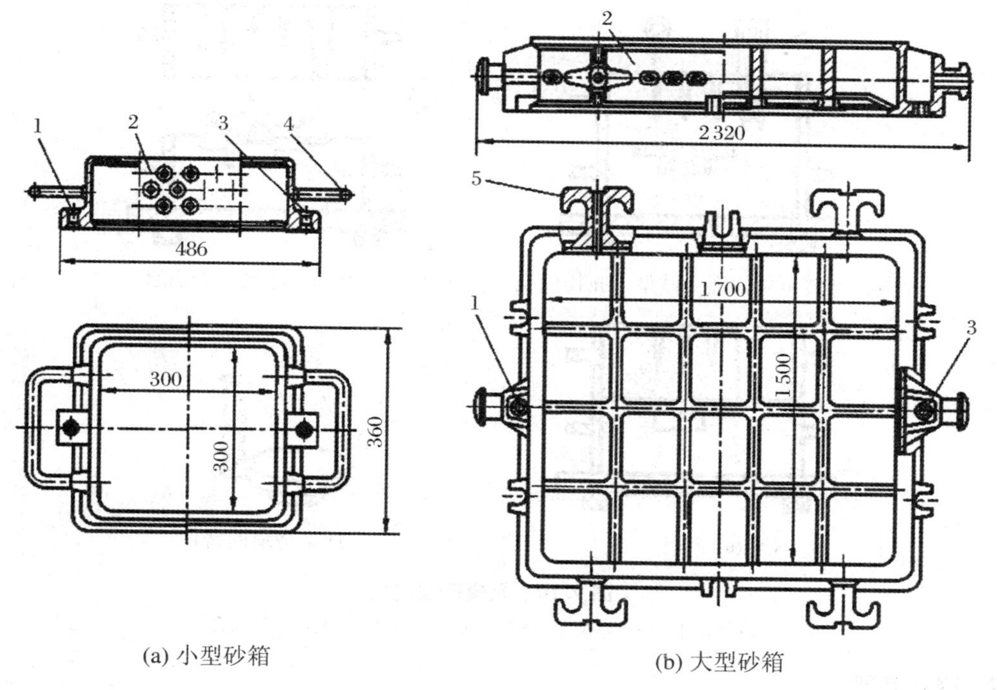

(a) 小型砂箱　　(b) 大型砂箱

图 9.9 砂箱示意

1-定位套;2-箱体;3-导向套;4-环形手柄;5-吊耳

除模样、芯盒与砂箱外，砂型铸造造型时使用的工艺装备还有压实砂箱用的压砂板、填砂用的填砂框、托住砂型用的砂箱托板、紧固砂箱用的套箱以及用于修正砂芯的修磨工具、烘芯板和检验工具等。

(六) 手工造型

造型主要工序为填砂、舂砂、起模和修型。填砂是将型砂填充到已放置好模样的砂箱内，舂砂则是把砂箱内的型砂紧实，起模是把形成型腔的模样从砂型中取出，修型是起模后对砂型损伤处进行修理的过程。手工完成这些工序的操作方式即手工造型。

手工造型的方法很多，有砂箱造型、脱箱造型、刮板造型、组芯造型、地坑造型等。其中砂箱造型又可分为两箱造型、三箱造型、叠箱造型和劈箱造型。下面就介绍几种常用的手工造型方法。

1. 两箱造型

两箱造型应用最为广泛，按其模样可分为整体模样造型(简称整模造型)和分开模样造型(简称分模造型)。整模造型一般用在零件形状简单、最大截面在零件端面的情况，其造型过程如图 9.10 所示。分模造型是将模样从其最大截面处分开，并以此面作分型面。造型时，先将下砂型舂好，然后翻箱，舂制上砂箱，其造型过程如图 9.11 所示。

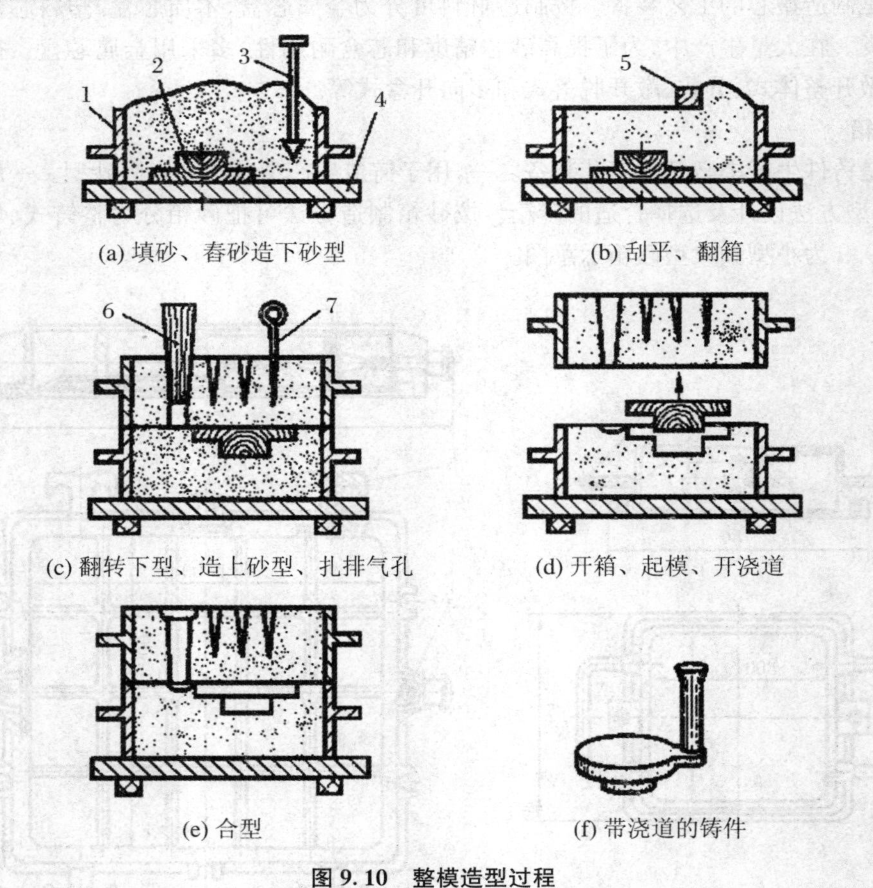

图 9.10 整模造型过程

1-砂箱；2-模样；3-砂舂子；4-模底板；5-刮板；6-浇口棒；7-气孔针

2. 挖砂造型

有些铸件的模样不宜做成分开结构，必须做成整体，在造型过程中局部被砂型埋住不能起出模样，这时就需要采用挖砂造型，即沿着模样最大截面挖掉一部分型砂，形成不太规则的分型面，如图 9.12 所示。挖砂造型工作麻烦，适用于单件或小批量的铸件生产。

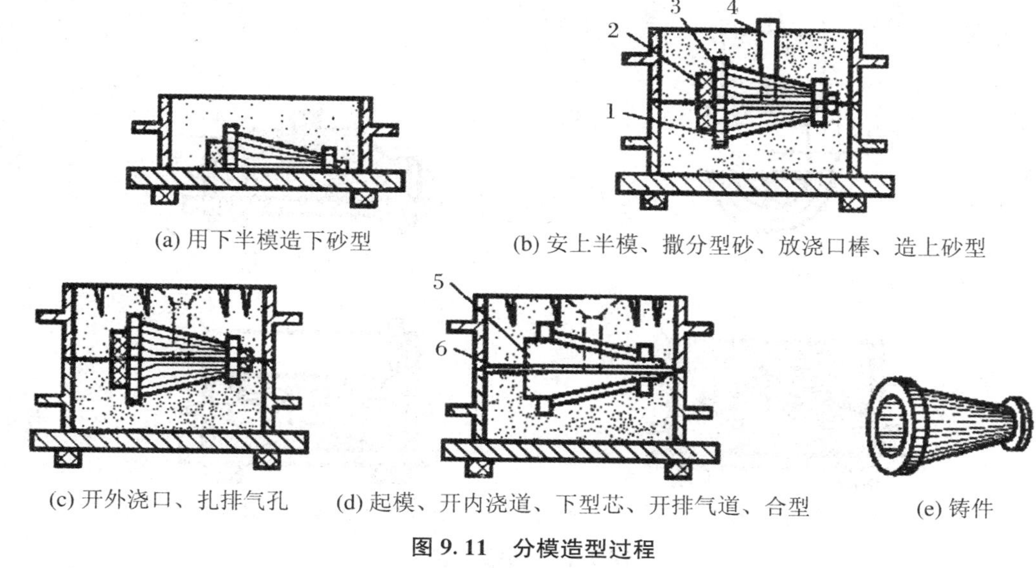

图 9.11　分模造型过程

1-下半模；2-型芯头；3-上半模；4-浇口棒；5-型芯；6-排气孔

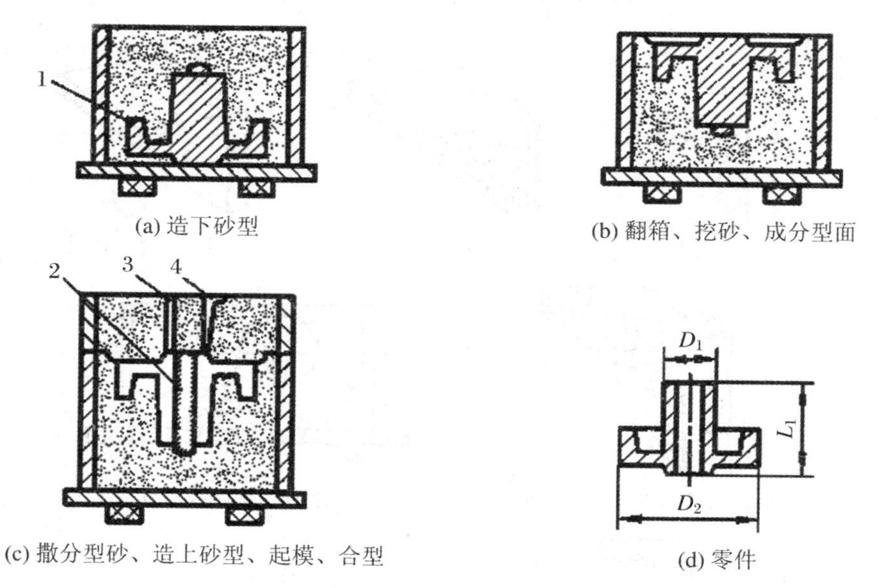

图 9.12　挖砂造型

1-模样；2-砂芯；3-出气孔；4-外浇口

3. 假箱造型

假箱造型方式与挖砂造型相近，先采用挖砂的方法做一个不带直浇道的上箱，即假箱，砂型尽量舂实一些，再用这个上箱作底板制作下箱砂型，最后才可以制作用于实际浇铸的上箱砂型，其原理如图 9.13 所示。

4. 活块造型

有些零件侧面带有凸台等突起部分时，造型时这些突出部分妨碍模样从砂型中起出，故在模样制作时，将突出部分做成活块，用销钉或燕尾槽与模样主体连接，起模时，先取出模样主体，然后从侧面取出活块，这种造型方法称为活块造型，如图 9.14 所示。

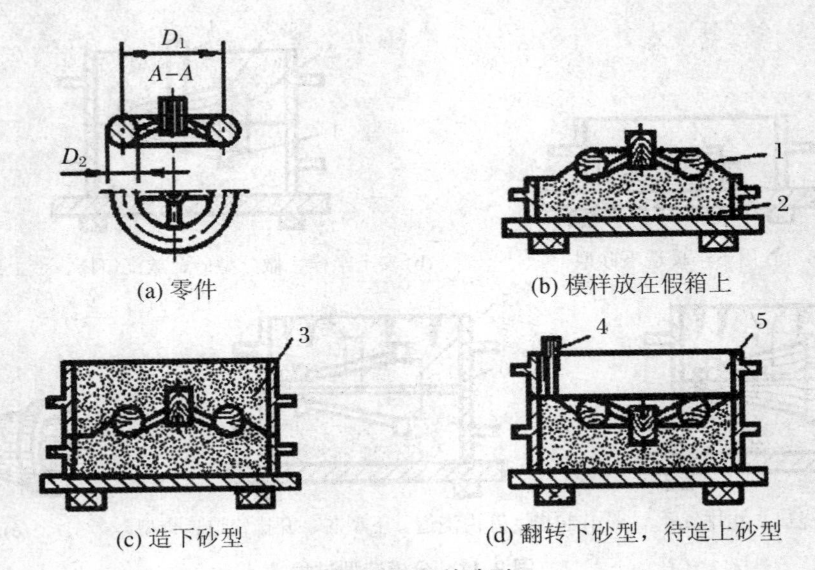

图 9.13 假箱造型

1-模样；2-假箱；3-下砂型；4-浇口棒；5-上砂箱

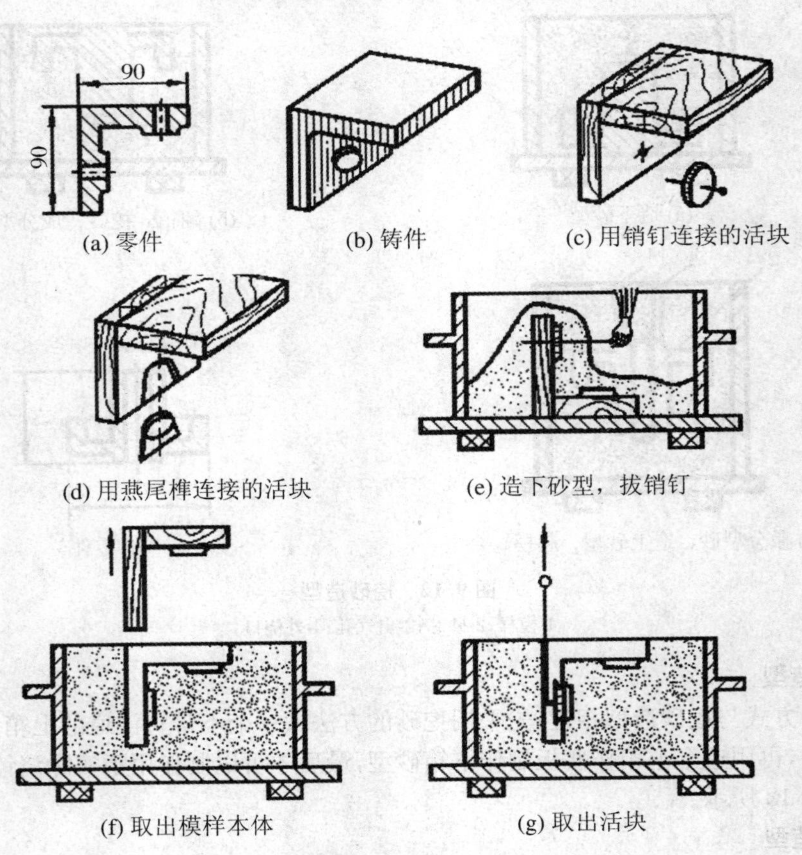

图 9.14 活块造型

5．刮板造型

刮板造型适用于单件、小批量生产中、大型旋转体铸件或形状简单的铸件，方法是利用刮板模样绕固定轴旋转，将砂型刮制成所需的形状和尺寸，如图 9.15 所示。刮板造型模样制作简单省料，但生产效率低，并要求具备较高的操作技术。

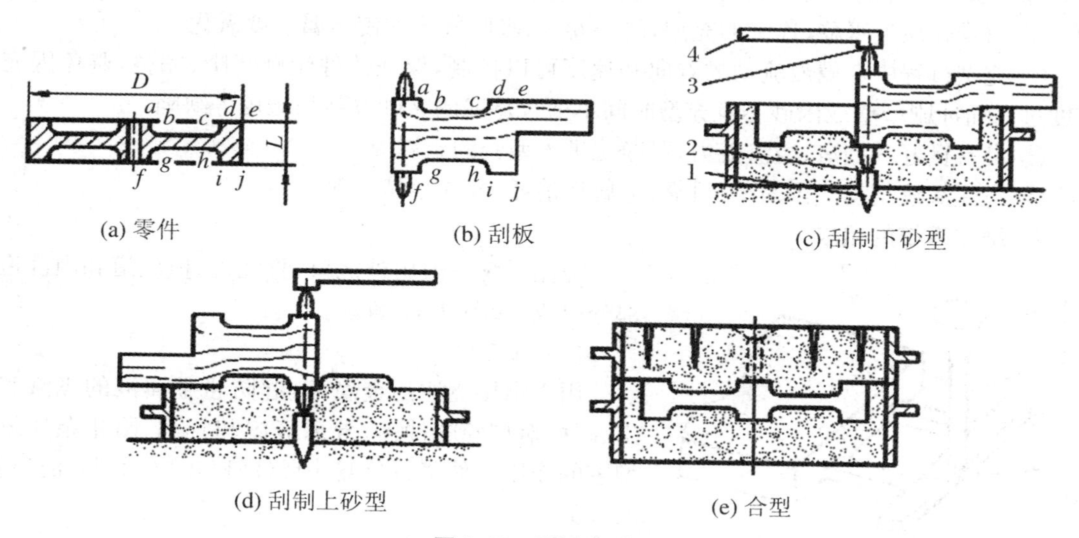

(a) 零件　(b) 刮板　(c) 刮制下砂型

(d) 刮制上砂型　(e) 合型

图 9.15　刮板造型

1-木桩；2-下顶针；3-上顶针；4-转动臂

6．三箱造型

对一些形状复杂的铸件，使用只有一个分型面的两箱造型是难以正常取出型砂中的模样的，必须采用三箱或多箱造型的方法。三箱造型有两个分型面，操作过程较两箱造型复杂，生产效率低，只适用于单件小批量生产，其工艺过程如图 9.16 所示。

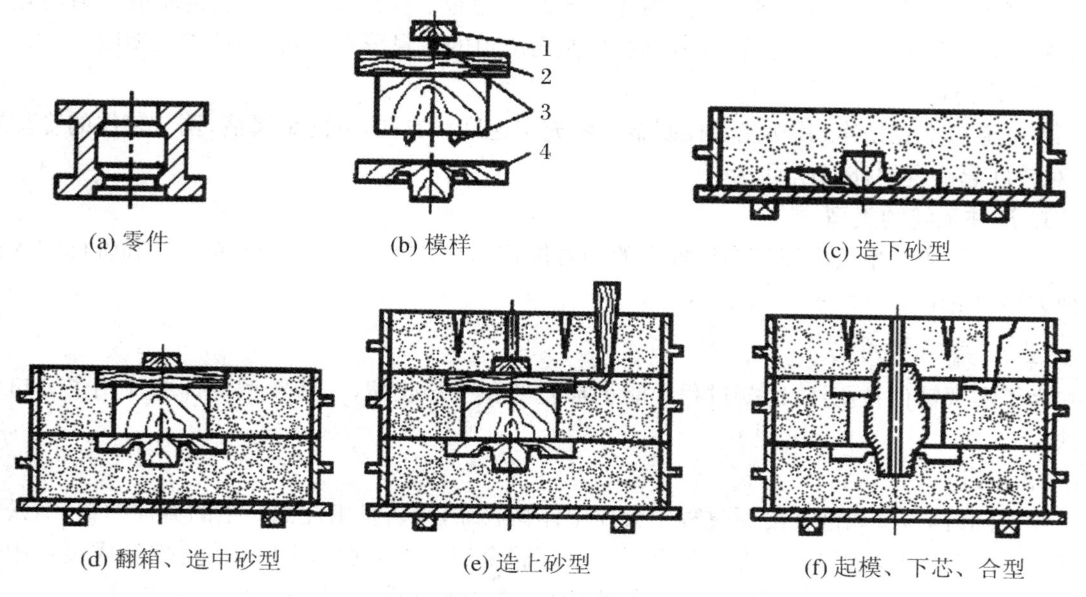

(a) 零件　(b) 模样　(c) 造下砂型

(d) 翻箱、造中砂型　(e) 造上砂型　(f) 起模、下芯、合型

图 9.16　三箱造型

1-上箱模样；2-中箱模样；3-销钉；4-下箱模样

（七）浇注系统

浇注系统是砂型中引导金属液进入型腔的通道。

1．对浇注系统的基本要求

浇注系统设计的正确与否对铸件质量影响很大，对浇注系统的基本要求是：

① 引导金属液平稳、连续的充型，防止卷入、吸收气体和使金属过度氧化。

② 充型过程中金属液流动的方向和速度可以控制，保证铸件轮廓清晰、完整，避免因充型速度过高而冲刷型壁或因砂芯及充型时间不适合造成的夹砂、冷隔、皱皮等缺陷。

③ 具有良好的挡渣、溢渣能力，可净化进入型腔的金属液。

④ 浇注系统结构应当简单、可靠，金属液消耗少，并容易清理。

2．浇注系统的组成

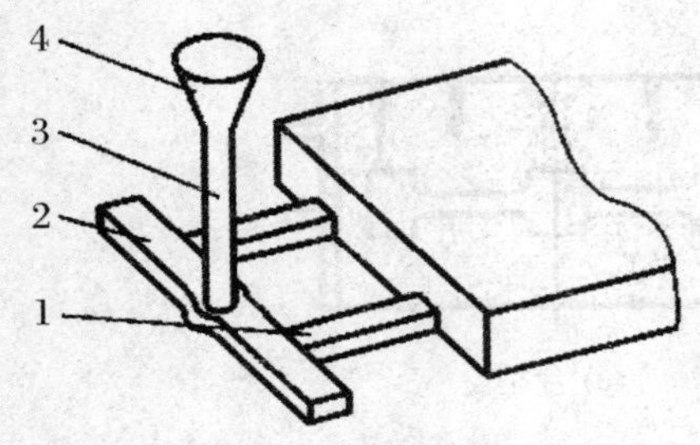

图 9.17 浇注系统的组成

1-内浇道；2-横浇道；3-直浇道；4-外浇口

浇注系统一般由外浇口、直浇道、横浇道和内浇道四部分组成，如图 9.17 所示。

(1) 外浇口

用于承接浇注的金属液，起防止金属液的飞溅和溢出、减缓对型腔的冲击、分离渣滓和气泡、阻止杂质进入型腔的作用。外浇口分漏斗形（浇口杯）和盆形（浇口盆）两大类。

(2) 直浇道

直浇道的功能是从外浇口引导金属液进入横浇道、内浇道或直接导入型腔。直浇道有一定高度，使金属液在重力的作用下克服各种流动阻力，在规定时间内完成充型。直浇道常做成上大下小的锥形、等截面的柱形或上小下大的倒锥形。

(3) 横浇道

横浇道是将直浇道的金属液引入内浇道的水平通道。作用是将直浇道金属液压力转化为水平速度，减轻对直浇道底部铸型的冲刷，控制内浇道的流量分布，阻止渣滓进入型腔。

(4) 内浇道

内浇道与型腔相连，其功能是控制金属液充型速度和方向，分配金属液，调节铸件的冷却速度，对铸件起一定的补缩作用。

3．浇注系统的类型

浇注系统的类型按内浇道在铸件上的相对位置，分为顶注式、中注式、底注式和阶梯注入式四种类型，如图 9.18 所示。

（八）冒口和冷铁

为了实现铸件在浇注、冷凝过程中能正常充型和冷却收缩，一些铸型设计中应用了冒口和冷铁。

1．冒口

铸件浇铸后，金属液在冷凝过程中会发生体积收缩，为防止由此而产生的铸件缩孔、缩松等缺陷，常在铸型中设置冒口。即人为设置用以存储金属液的空腔，用于补偿铸件形成过程中可能产生的收缩，并为控制凝固顺序创造条件，同时冒口也有排气、集渣、引导充型的作用。

冒口形状多样，有圆柱形、球顶圆柱形、长圆柱形、方形和球形等。若冒口设在铸件顶部，使铸型通过冒口与大气相通，称为明冒口；冒口设在铸件内部则为暗冒口，如图 9.19 所示。

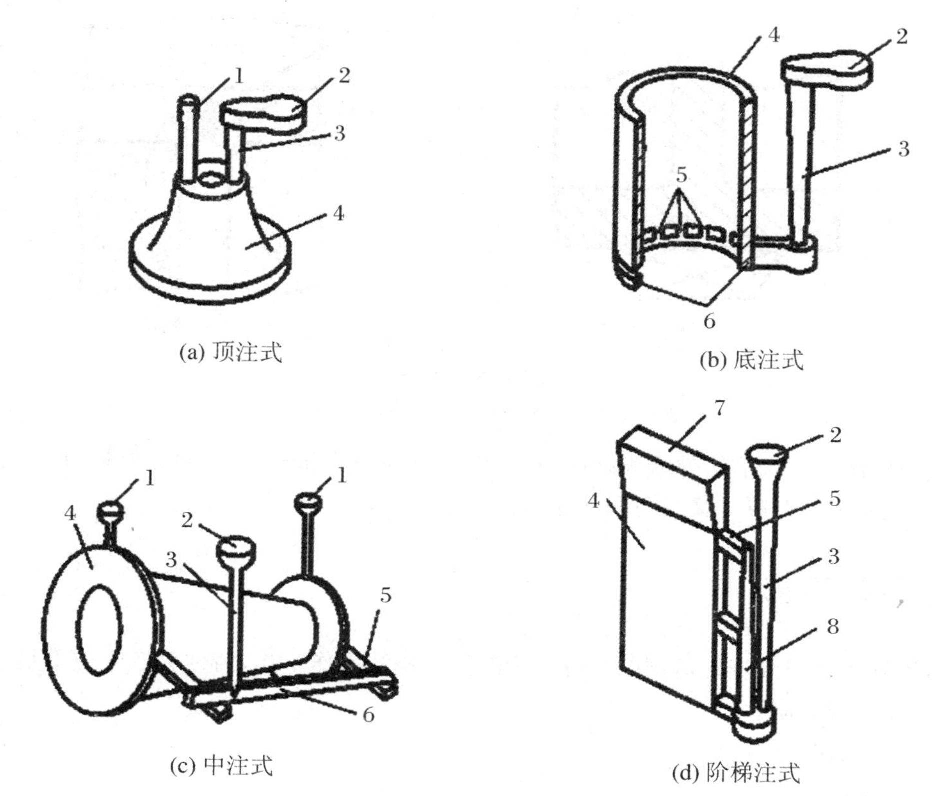

(a) 顶注式　(b) 底注式　(c) 中注式　(d) 阶梯注式

图 9.18　浇注系统的类型

1-出气口；2-外浇口；3-直浇道；4-铸件；5-内浇道；6-横浇道；7-冒口；8-分配直浇道

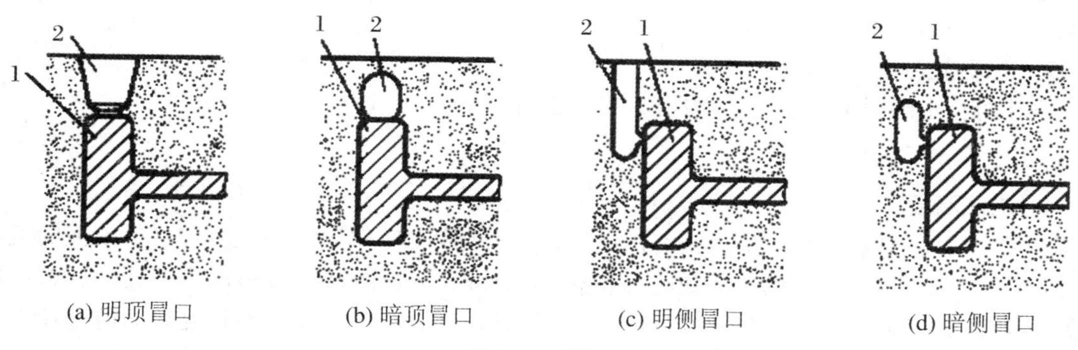

(a) 明顶冒口　(b) 暗顶冒口　(c) 明侧冒口　(d) 暗侧冒口

图 9.19　冒口

1-铸件；2-冒口

冒口一般应设在铸件壁厚交叉部位的上方或旁侧，并尽量设在铸件最高、最厚的部位，其体积应能保证所提供的补缩液量不小于铸件的冷凝收缩和型腔扩大量之和。

需要注意的是，在浇铸冷凝后冒口金属与铸件相连，清理铸件时，应除去冒口。

2. 冷铁

为增加铸件局部冷却速度，在型腔内部及工作表面安放的金属块称为冷铁。冷铁分为内冷铁和外冷铁两大类，放置在型腔内浇铸后与铸件熔合为一体的金属激冷块称为内冷铁，在造型时放在模样表面的金属激冷块为外冷铁,如图9.20所示。外冷铁一般可重复使用。

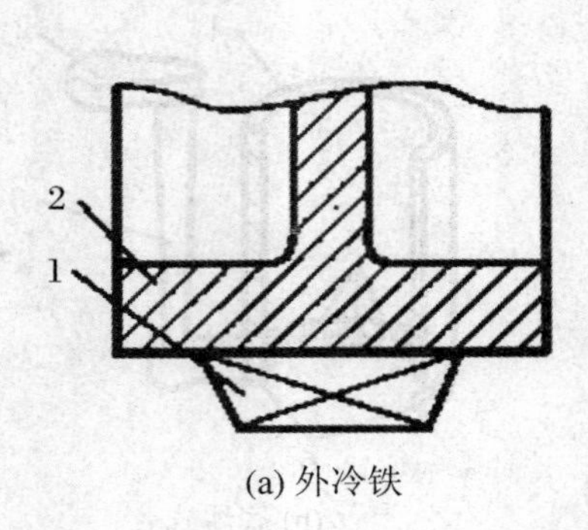

(a) 外冷铁

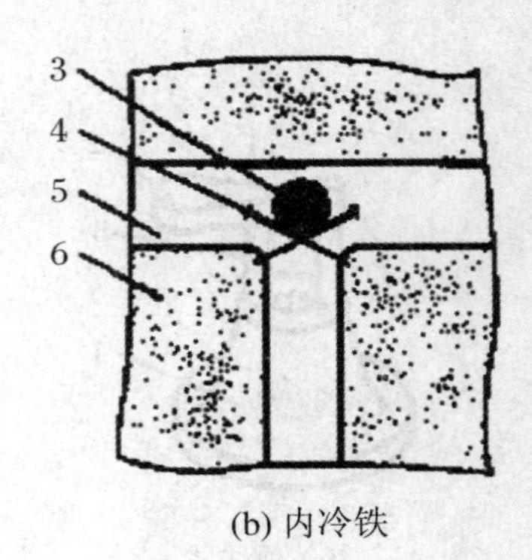

(b) 内冷铁

图9.20 冷铁

1-冷铁;2-铸件;3-长圆柱形冷铁;4-钉子;5-型腔;6-型砂

冷铁的作用在于调节铸件凝固顺序,在冒口难以补缩的部位防止缩孔、缩松,扩大冒口的补缩距离,避免在铸件壁厚交叉及急剧变化部位产生裂纹。

三、浇注工艺

将熔炼好的金属液浇入铸型的过程称为浇注。浇注操作不当,铸件会产生浇不足、冷隔、夹砂、缩孔和跑火等缺陷。

(一) 浇注前的准备工作

1. 准备浇包

浇包是用于盛装铁水进行浇注的工具。应根据铸型大小、生产批量准备合适的和足够数量的浇包。常见的浇包有一人使用的端包、两人操作的抬包和用吊车装运的吊包,容量分别为20 kg、50～100 kg和大于200 kg。

2. 清理通道

浇注时行走的通道不能有杂物挡道,更不能有积水。

(二) 浇注工艺

1. 浇注温度

金属液浇注温度的高低,应根据铸件材质、大小及形状来确定。浇注温度过低,铁液的流动性差,易产生浇不足、冷隔、气孔等缺陷;而浇注温度偏高,铸件收缩大,易产生缩孔、裂纹、晶粒粗大及粘砂等缺陷。铸铁件的浇注温度一般在1 250～1 360 ℃之间。形状复杂的薄壁铸件浇注温度应高些,厚壁简单铸件温度可低些。

2. 浇注速度

浇注速度要适中,太慢会使金属液降温过多,易产生浇不足、冷隔、夹渣等缺陷;浇注速度太快,金属液充型过程中气体来不及逸出易产生气孔,同时金属液的动压力增大,易冲坏砂型或产生抬箱、跑火等缺陷。浇注速度应根据铸件的大小、形状决定。浇注开始时,浇注速度应慢些,利于减小金属液对型腔的冲击和气体从型腔排出;随后浇注速度加快,以提高生产速度,并避免产生缺陷;结束阶段再降低浇注速度,防止发生抬箱现象。

浇注过程中应注意:浇注前进行扒渣操作,即清除金属液表面的熔渣,以免熔渣进入型腔;

浇注时在砂型出气口、冒口处引火燃烧，促使气体快速排出，防止产生铸件气孔和减少有害气体污染空气；浇注过程中不能断流，应始终使外浇口保持充满，以便熔渣上浮；另外浇注是高温作业，操作人员应注意安全。

四、铸造缺陷分析

铸件在浇注后，要经过落砂、清理，然后进行质量检验。符合质量要求的铸件才能进入下一道零件加工工序，次品应根据缺陷在修复技术和修复成本的可行性酌情处理，废品则重新回炉。由于铸造生产程序繁多，所用原、辅材料种类多，铸件缺陷的种类很多，形成原因十分复杂，总体来讲在于生产程序失控、操作不当和原、辅材料差错三方面。表 9.1 列出了砂型铸造常见的铸件缺陷及产生原因。

表 9.1　铸件常见缺陷及产生的原因

序号	缺陷名称和特征	产生的原因
1	气孔：在铸件内部、表面或近于表面处，内壁光滑，形状有圆形、梨形、腰圆形或针头状，大气孔常孤立存在，小气孔成片聚集。断面直径在一至数毫米，长气孔长在 3～10 mm	1. 炉料潮湿、锈蚀、油污，金属液含有大量气体或产气物质； 2. 砂型、型芯透气性差，含水分和发气物质太多，型芯未烘干，排气不畅； 3. 浇注系统不合理，浇注速度过快； 4. 浇注温度低，金属液除渣不良，黏度过高； 5. 型砂、芯砂和涂料成分不当，与金属液发生反应
2	1. 缩孔：在铸件厚断面内部、两交界面的内部及厚断面和厚断面交接处的内部或表面，形状不规则，孔内壁粗糙不平，晶粒粗大； 2. 缩松：在铸件内部微小而不连贯的缩孔，聚集在一处或多处，金属晶粒间存在很小的孔眼，水压试验渗水	1. 浇注温度不当，过高易产生缩孔，过低易产生缩松； 2. 合金凝固时间过长或凝固间隔过宽； 3. 合金中杂质和溶解的气体过多，金属成分中缺少晶粒细化元素； 4. 铸件结构设计不合理，壁厚变化大； 5. 浇注系统、冒口、冷铁等设置不当，使铸件在冷缩时得不到有效补缩
3	粘砂：在铸件表面上，全部或部分覆盖着金属（或金属氧化物）与砂（或涂料）的混合物或化合物或有一层烧结的型砂，致使铸件表面粗糙	1. 型砂和芯砂太粗、涂料质量差或涂层厚度不均匀； 2. 砂型和型芯的紧实度低或不均匀； 3. 浇注温度和外浇口高度太高，浇注过程中金属液压力大； 4. 型砂和芯砂含 SiO_2 少，耐火度差； 5. 金属液中的氧化物和低熔点化合物与型砂发生反应

续表

序号	缺陷名称和特征	产生的原因
4	渣眼:在铸件内部或表面有形状不规则的孔眼。孔眼不光滑,里面全部或部分充塞着熔渣 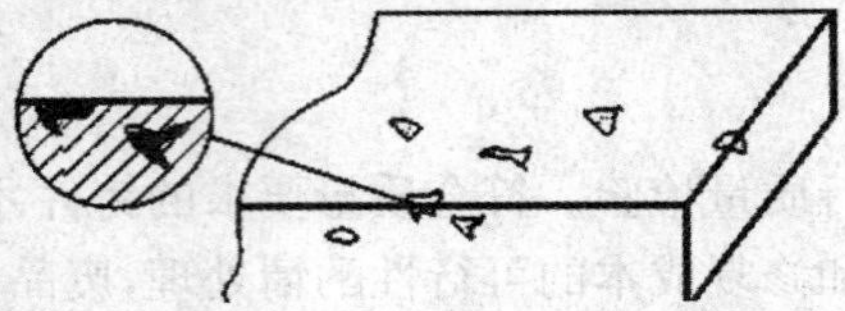	1. 浇注时,金属液挡渣不良,熔渣随金属液一起注入型腔; 2. 浇注温度过低,熔渣不易上浮; 3. 金属液含有大量硫化物、氧化物和气体,浇注后在铸件内形成渣气孔
5	砂眼:在铸件内部或表面有充塞着型砂的孔眼 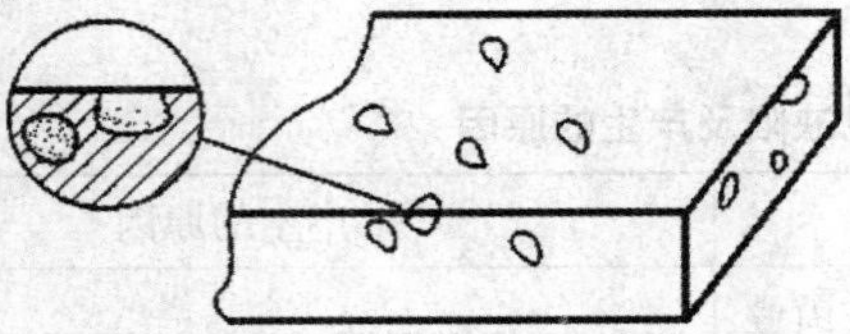	1. 型腔表面上的浮砂在合型前未吹扫干净; 2. 在造型、下芯、合型过程中操作不当,使砂型和型芯受到损坏; 3. 浇注系统设计不合理或浇注操作不当,金属液冲坏砂型和型芯; 4. 砂型和型芯强度不够,涂料不良,浇注时型砂被金属液冲垮或卷入,涂层脱落
6	夹砂结疤:在铸件表面上,有金属夹杂物或片状、瘤状物,表面粗糙,边缘锐利。在金属瘤片和铸件之间夹有型砂 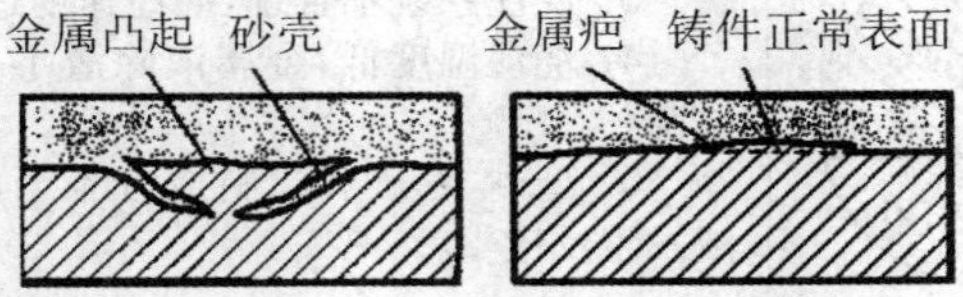 金属凸起 砂壳 金属疤 铸件正常表面	1. 在金属液热作用下,型腔上表面和下表面膨胀鼓起开裂; 2. 型砂湿强度低,水分过多,透气性差; 3. 浇注温度过高,浇注时间过长; 4. 浇注系统不合理,使局部砂型烘烤严重; 5. 型砂膨胀率大,退让性差
7	冷裂:在铸件凝固后冷却过程中因铸造应力大于金属强度而产生的穿透或不穿透性裂纹。裂纹呈直线或折线状,开裂处有金属光泽 	1. 铸件结构设计不合理,壁厚相差太大; 2. 浇冒口设置不当,铸件各部分冷却速度差别过大; 3. 熔炼时金属液有害杂质成分超标,铸造合金抗拉强度低; 4. 浇注温度太高,铸件开箱过早,冷却速度过快
8	热裂:在铸件凝固末期或凝固后不久,因铸件固态收缩受阻而引起的穿透或不穿透性裂纹。裂纹呈曲线状,开裂处金属表皮氧化 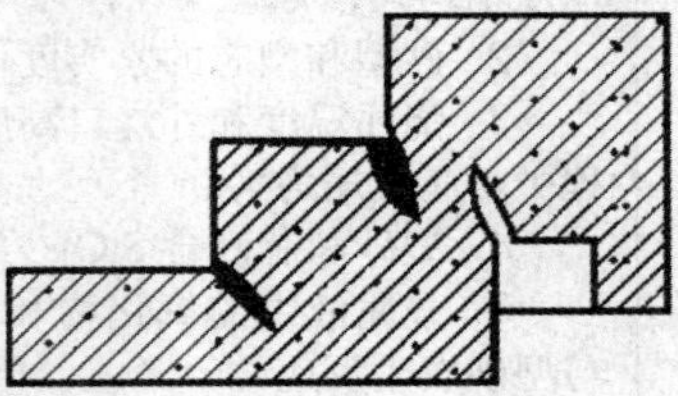	1. 铸件壁厚相差悬殊,连接处过渡圆角太小,阻碍铸件正常收缩; 2. 浇道、冒口设置位置和大小不合理,限制铸件正常收缩; 3. 型砂和芯砂黏土含量太多,型、芯强度太高,退让性差; 4. 铸造合金中硫、磷等杂质成分含量超标; 5. 铸件开箱、落砂过早、冷却过快

续表

序号	缺陷名称和特征	产生的原因
9	冷隔：是铸件上穿透或不穿透的缝隙，其交接边缘是圆滑的，是充型时金属液流汇合时熔合不良造成的	1. 浇注温度太低，铸造合金流动性差； 2. 浇注速度过低或浇注中断； 3. 铸件壁厚太小，薄壁部位处于铸型顶部或距内浇道太远； 4. 浇道截面积太小、直浇道高度不够、内浇道数量少或开设位置不当； 5. 铸型透气性差
10	浇不足：由于金属液未完全充满型腔而产生的铸件残缺、轮廓不完整或边角圆钝。常出现在型腔表面或远离浇道的部位 铸件 型腔面	1. 浇注温度太低、浇注速度过慢或浇注过程中断流； 2. 浇注系统设计不合理、直浇道高度不够、内浇道数量少或截面积小； 3. 铸件壁厚太小； 4. 金属液氧化严重、非金属氧化物含量大、黏度大、流动性差； 5. 型砂和芯砂发气量大，型、芯排气口少或排气通道堵塞
11	错型：铸件的一部分与另一部分在分型面上错开，发生相对位移	1. 砂箱合型时错位，定位销未起作用或定位标记未对准； 2. 分模的上、下半模样装备错位或配合松动； 3. 合型后砂型受碰撞，造成上、下型错位
12	偏芯：在金属液充型力的作用下，型芯位置发生了变化，使铸件内孔位置偏错、铸件形状和尺寸与图样不符 上 下	1. 砂芯下偏； 2. 起模不慎，使芯座尺寸发生变化； 3. 芯头截面积太小、支撑面不够大、芯座处型砂紧实度低、芯砂强度低； 4. 浇注系统设计不当，充型时金属静压力过大或金属液流速大直冲砂芯； 5. 浇注温度、浇注速度过高，使金属液对砂芯热作用或冲击作用过于强烈

五、现代铸造技术及其发展方向

社会的高速发展对铸造的精密性、质量与可靠性、经济、环保等提出了更高的要求，而知识经济和高新技术也给铸造行业带来了深刻的影响，渗透到材料使用、工艺方法、生产过程、设备及工装等各个方面。

(一) 造型制芯与特种铸造

具有成本低、污染小、效率高、质量好的射压造型、气流压实造型和空气冲击造型在砂型造型中的应用比例提高,并且具有高度机械化、自动化、高密度等优点。

特种铸造如熔模铸造、压力铸造、低压铸造和实型铸造等作为一种实现少余量、无余量加工的精密成型技术,将向精密化、薄壁化、轻量化、节能化方向发展。

(二) 发展提高铸件质量的技术

在铸铁方面使用冲天炉—电炉双联熔炼工艺及设备,采用铁液脱硫、过滤技术来提高铁液质量;研究薄壁高强度的铸铁件制造技术;研究铸铁复合材料制造技术;采用金属型铸造及金属型覆砂铸造工艺等。

铸钢件采用精炼工艺和技术,开发新型铸钢材料,提高强韧性并使之具有特殊性能。铝、镁合金具有密度小、比强度高、耐腐蚀的优点,在航空、航天、汽车、机械行业中应用日趋广泛。开发优质铝合金材料、加强镁合金熔炼工艺的研究和对轻合金压铸与挤压铸造工艺及相关技术的开发研究都有很好的发展前景。

(三) 计算机技术在铸造工程中的应用

铸造过程计算机辅助工程分析(CAE)和铸造工艺计算机辅助设计(CAD)是计算机技术在铸造工程中的典型应用,前者通过对温度场、流动充型过程、应力场以及凝固过程计算机数字模拟来预测铸件组织和缺陷,提出工艺改进措施,最终达到优化工艺的目的;后者把传统工艺设计问题转化为计算机辅助设计,其特点是计算准确、迅速,能够存储并借鉴大量专家的经验,可大大高铸造工艺的科学性、可靠性。

此外,快速成型制造技术集成了 CAD/CAM 技术、现代数控技术、激光技术和新型材料技术,可以快速制出形状复杂的模样或用激光束直接将覆砂制成铸型以便完成铸造生产;参数检测与生产过程的计算机控制可以实现铸造过程最佳参数调节,并使铸造生产实现自动化。

(四) 发展节能和环保的技术

从可持续性发展战略出发,节能降耗、应用清洁铸造技术也是铸造行业发展的方向。

① 铸造生产向专业化方向发展,机械化、自动化程度提高,冲天炉大型化,节省能源消耗、减少环境污染。

② 节约材料资源,研究开发多种铸造废弃物的再生和综合利用技术,如铸造旧砂回用新技术、熔炼炉渣的处理和综合利用技术。

③ 从材料、工艺和设备多方面入手,解决环境污染问题。如研究无毒、无味铸造辅料,开发无毒熔炼及变质技术,使用除尘技术等。

练一练

确定如图 9.21 所示铸件的造型工艺方案并完成造型操作。

零件名称:轴承座

铸件重量:约 5 kg

零件材料:HT150

轮廓尺寸:240 mm×65 mm×75 mm

生产性质：单件生产

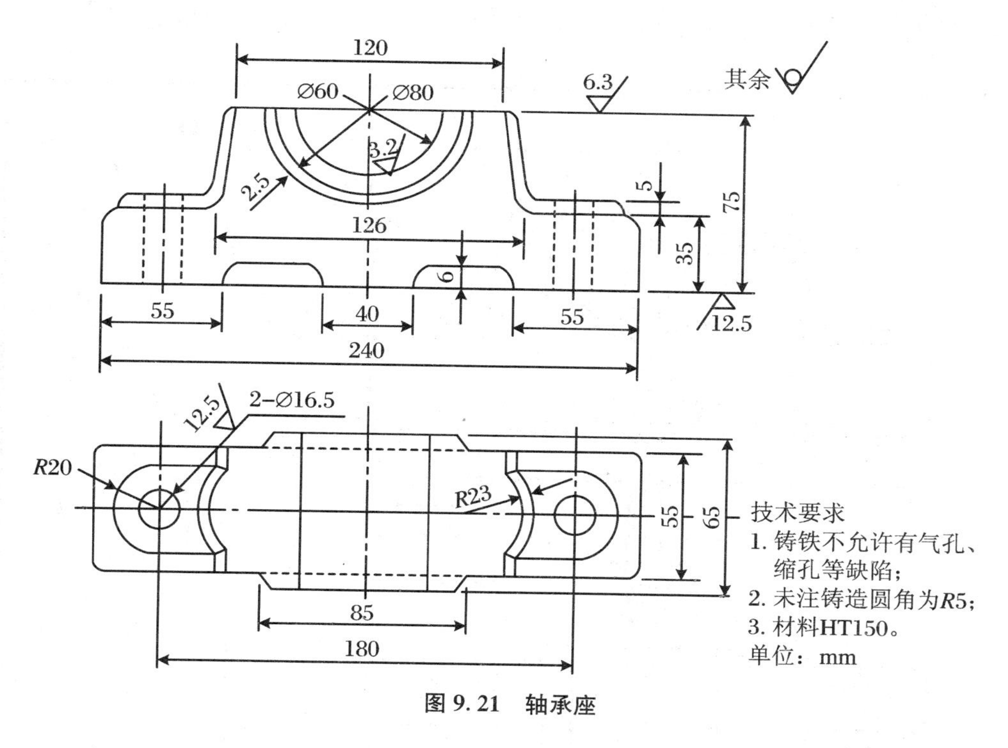

图 9.21　轴承座

（一）造型工艺方案的确定

造型工艺方案的正确与否，不仅关系到铸件质量的高低，而且对节约成本、缩短生产周期、简化工艺过程等，都是至关重要的。

1. 铸件结构及铸造工艺性分析

轴承座是轴承传动中的支承零件，其结构如图 9.21 所示。从图纸上看，该铸件外形尺寸不大，形状也较简单。材料虽是 HT150，但属厚实体零件，故应注意防止缩孔、气孔的产生。从其结构看，座底是一个不连续的平面，座上的两侧各有一个半圆形凸台，须制作活块并注意活块位置准确。

2. 造型方法

整模、取活块、两箱造型。

3. 铸型种类

因铸件较小，宜采用面砂、背砂兼用的湿型。

4. 分型面的确定

座底面的加工精度比轴承部位低，并且座底都在一个平面上，因此选择从座底分型；座底面为上型，使整个型腔处于下型。这样分型也便于安放浇冒口。分型面位置如图 9.22 所示。

5. 浇冒口位置的确定

该铸件材质为 HT150，体积收缩较小，但该铸件属厚实体零件，所以仍要注意缩孔缺陷的发生。因此内浇道引入的位置和方向很重要。根据铸件结构特点，应采用定向凝固原则，内浇道应从座底一侧的两端引入。采用顶注压边缝隙浇口，既可减小浇口与铸件的接触热节，又可避开中间厚实部分（图样上的几何热节）的过热，并可缩短凝固时间，有利于得到合格铸件。另外，由于压边浇口补缩效果好，故该铸件不需设置补缩冒口。为防止气孔产生，可在顶部中间偏边的位置，设置一个 Ø8～10 mm 的出气冒口。浇冒口位置、形状、大小如图 9.22 所示。

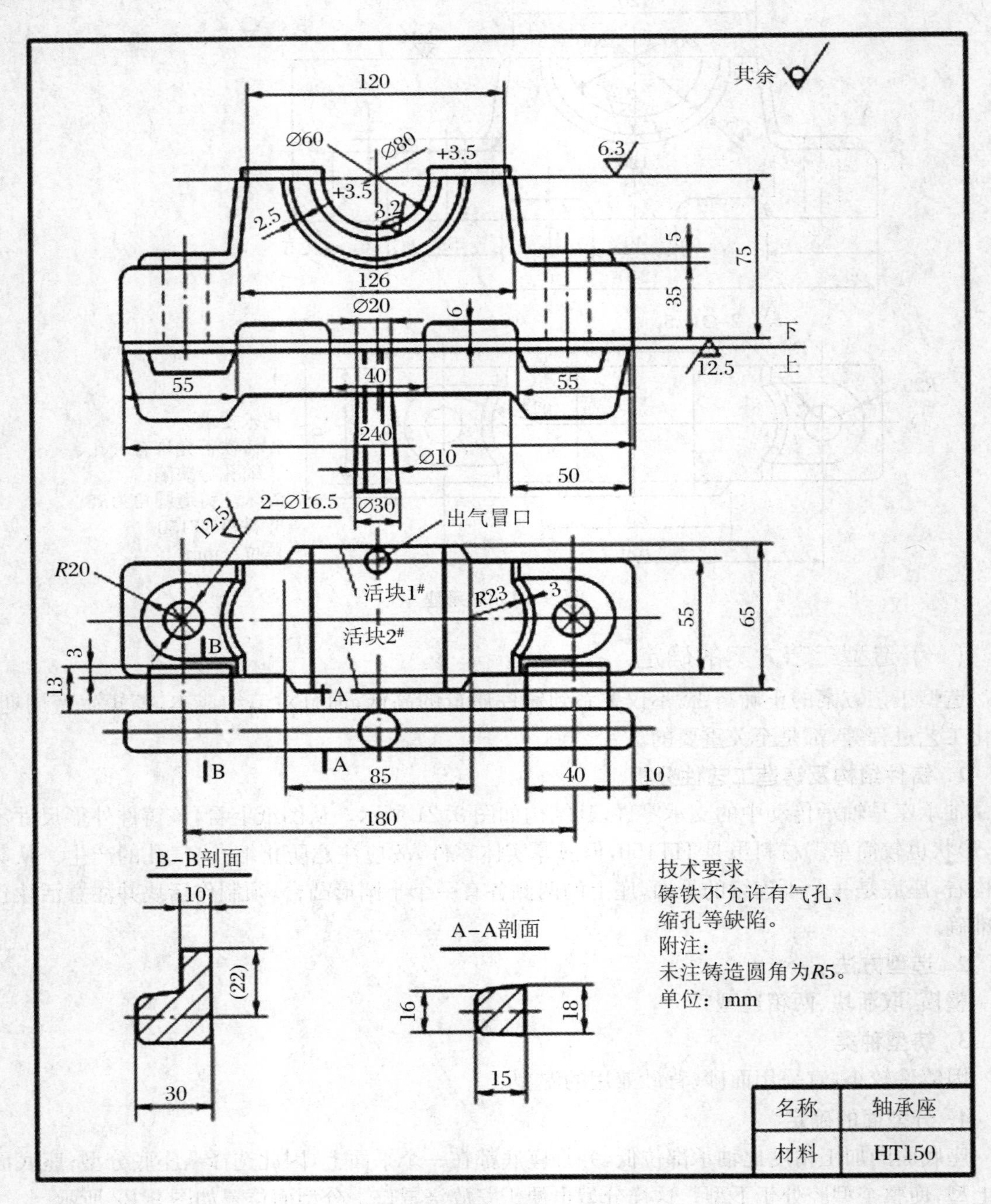

图 9.22 轴承座铸造工艺图

（二）造型工艺过程

① 安放好模样，砂箱舂下型。先填入适量面砂和背砂进行第一次舂实。舂实后，挖砂并准确地安放好两个活块，再填入少量面砂舂实活块周围，然后填砂舂实。

② 刮去下箱多余的型砂并翻箱。

③ 挖去下分型面上阻碍起模的型砂，修整分型面，撒分型砂。

④ 放置好上砂箱(要有定位装置)，按工艺要求的位置安放好直浇口和冒口。

⑤ 舂上型。填入适量的面砂、背砂，固定好浇冒口并舂几下加固，然后先轻后重地舂好上型。

⑥ 刮平上箱多余的型砂，起出直浇口和冒口，扎出通气孔。

⑦ 开箱。

⑧ 起模。注意应先松模并取出模样、活块。

⑨ 按工艺要求开出横浇道和内浇道。

⑩ 修型。修理型腔及浇口和冒口。

⑪ 合型。

附录一　综合练习(手锤制作)

一、实训目的

通过制作手锤,使前一阶段学习的金工基本技能得到综合运用。并进一步提高平面锯削、锉削、细长轴车削、钻孔、攻丝、套丝、滚花及测量技术。

二、实训内容

1. 学会图纸识度及工艺路线分析。
2. 掌握手锤的加工方法及注意事项。

三、实训原理

(一) 图纸

图纸如图 F1. 1 所示。

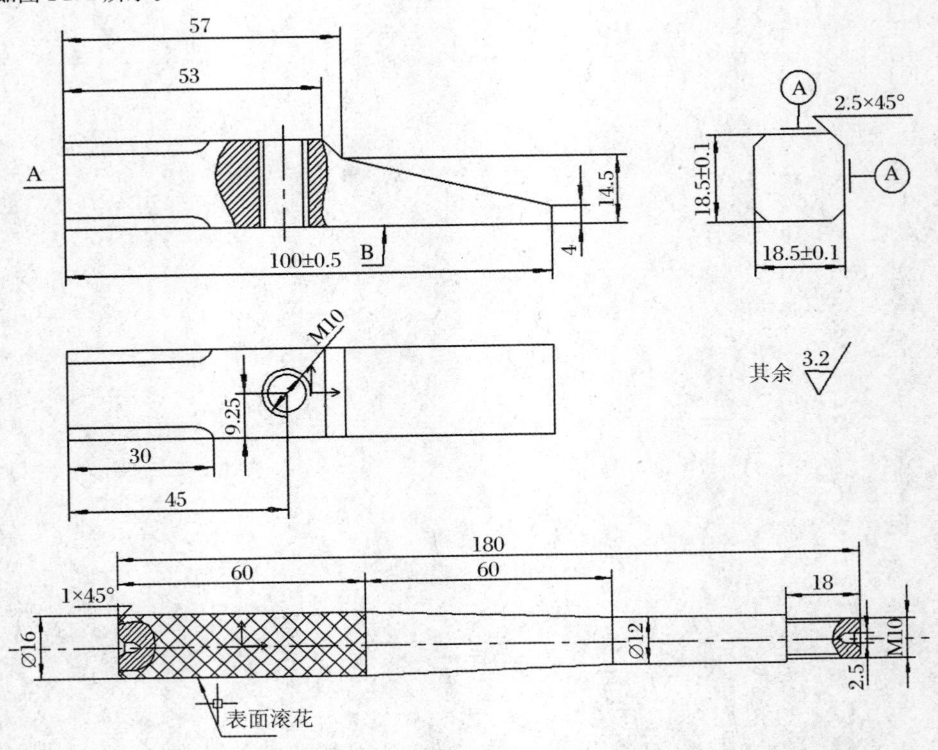

图 F1. 1

(二)工艺路线

任何零件加工方法都不是唯一的,有多种方法可以选择。但为了便于加工和测量,保证加工质量,同时减小劳动强度,缩短时间周期,应在众多方案中选择出最优方案(表 F1.1)。

表 F1.1

	工步	内　容	工种	工时	主要设备
锤头部分	1	Ø30 mm 的 45 号钢下料至 105 mm	钳工	2	钳台
	2	车床车一端面车平即可	车工	4	车床
	3	调头车另一端面车至 101 mm			
	4	精车总长 100±0.1 mm			
	5	卡盘夹长度的 2/5,车外径 Ø27±0.04 mm 圆柱面,长度是总长的 1/2			
	6	调头,夹总长的 2/5,车外径 Ø27±0.04 mm 的另一头剩余圆柱面			
	7	铣床加工第一及第二个面尺寸等于 23.25±0.1 mm	铣工	4	铣床
	8	加工第三及第四个面尺寸等于 18.5±0.1 mm			
	9	以 A 面为基准面,划 53 mm 和 57 mm 平线	钳工	5	划线平台,钳台
	10	以 B 面为基准面划 4 mm 平线			
	11	以 B 面做基准面划一道 12.5 mm 平线			
	12	以 57 mm 交线和 4 mm 交线划斜线			
	13	用锯弓锯斜线,结束用锉刀锉平			
	14	锉 2.5 mm×45°×30 mm 倒角线			
	15	以 18.5 mm 找中线,以 A 面做基准面划 45 mm 平线		2	划线平台,钻床,钳台
	16	钻 Ø8.7 mm 螺纹孔			
	17	M10 丝攻攻丝			
锤柄部分	18	Ø16 的冷拔钢下料 185 mm 长	车工	5	车床
	19	车一端面车平即可,钻中心孔,倒角 1×45°			
	20	调头车另一端面保证长度 180±0.1 mm,钻中心孔倒角 1×45°			
	21	一头夹一头车 Ø12 mm 圆柱面长度 60 mm,车锥度 60 mm 长,车 M10 外径长度 18 mm,倒角 1×45°			
	22	调头,一头夹一头顶对 Ø16 mm 外径表面滚花长度 60 mm			
	23	扳 M10 螺纹			
装配	24	锤头与锤柄配合	钳工	0.5	钳台

四、实训步骤

(一) 钳工

1．Ø30 mm 棒材下料

Ø30 mm 的 45 号钢下料至 105 mm(图 F1. 2)。

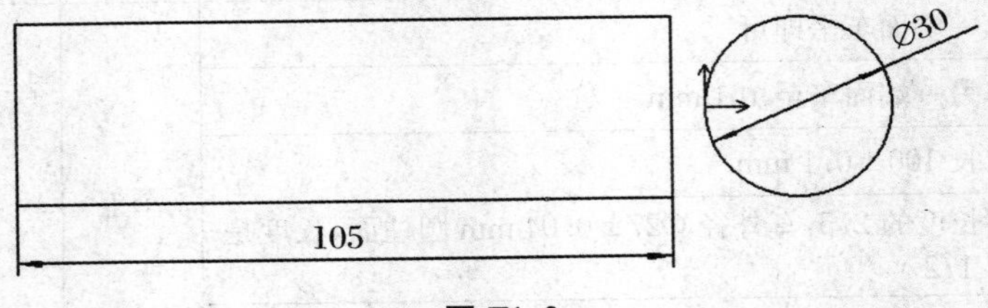

图 F1. 2

2．Ø16 mm 棒材下料

Ø16 mm 的冷拔钢下料 185 mm 长(图 F1. 3)。

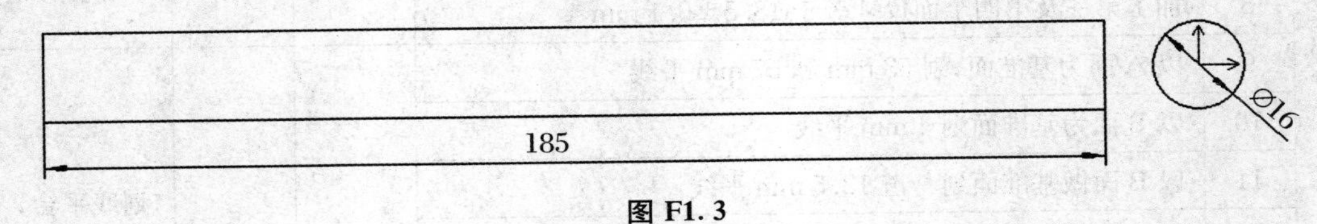

图 F1. 3

3．锤头加工

按图 F1. 4 所示参数加工锤头。

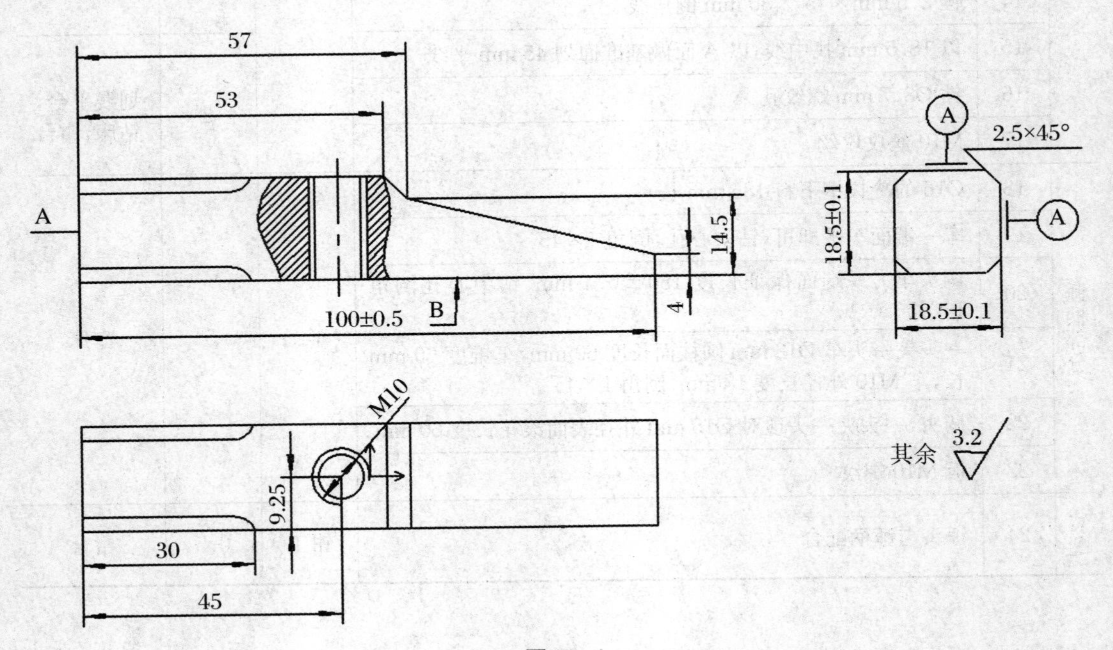

图 F1. 4

4. 锤柄 M10 螺纹套丝

以表 F1.2 所示步骤加工锤柄。

表 F1.2

1	以 A 面为基准面,划 53 mm 和 57 mm 平线
2	以 B 面为基准面划 4 mm 平线
3	以 B 面做基准面划一道 12.5 mm 平线
4	以 57 mm 交线和 4 mm 交线划斜线
5	用锯弓锯斜线,结束用锉刀锉平
6	锉 2.5 mm×45°×30 mm 倒角线
7	以 18.5 mm 找中线,以 A 面做基准面划 45 mm 平线
8	钻 Ø8.7 mm 螺纹孔
9	M10 丝攻攻丝

(二) 车工锤头

以图 F1.5 及表 F1.3 所示参数及步骤车出锤头。

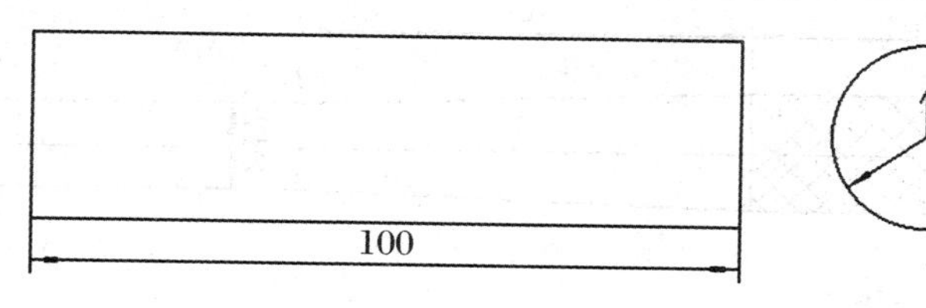

图 F1.5

表 F1.3

1	车床车一端面车平即可
2	调头车另一端面,车至 101 mm
3	精车总长 100±0.1 mm
4	卡盘夹长度的 2/5,车外径 Ø27±0.04 mm 圆柱面,长度是总长的 1/2
5	调头,夹总长的 2/5,车外径 Ø27±0.04 mm 的另一头剩余圆柱面

(三) 铣工

用铣床按图 F1.6 及表 F1.4 所示参数及步骤加工。

表 F1.4

1	铣床加工第一及第二个面,尺寸等于 22.75±0.1 mm
2	加工第三及第四个面,尺寸等于 18.5±0.1 mm

(四) 车工锤柄

按图 F1.7 和表 F1.5 所示参数及步骤车出锤柄。

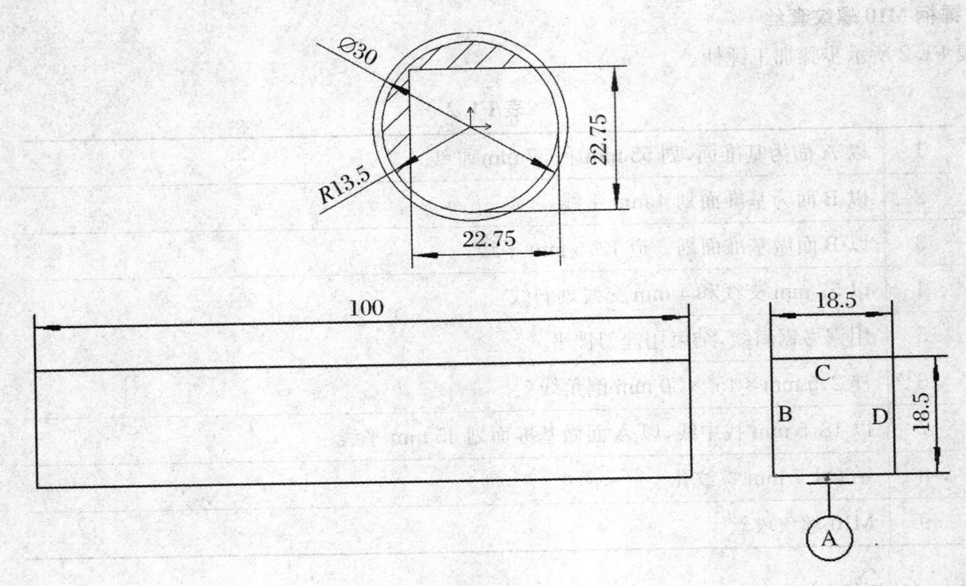

图 F1.6

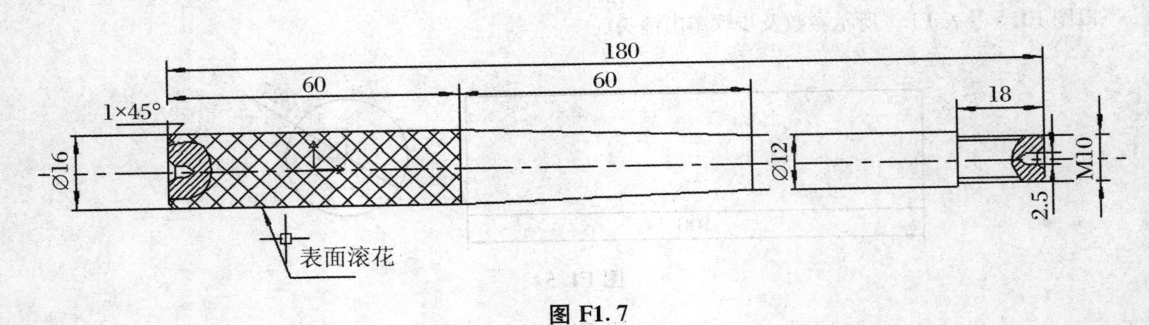

图 F1.7

表 F1.5

1	车一端面,车平即可,钻中心孔,倒角 1×45°
2	调头车另一端面,保证长度 180±0.1 mm,钻中心孔倒角 1×45°
3	一头夹一头车 Ø12 mm 圆柱面长度 60 mm,车锥度 60 mm 长,车 M10 外径长度 18 mm,倒角 1×45°
4	调头,一头夹一头顶对 Ø16 mm 外径表面滚花长度 60 mm

(五)手锤装配

按图 F1.8 所示装配手锤。

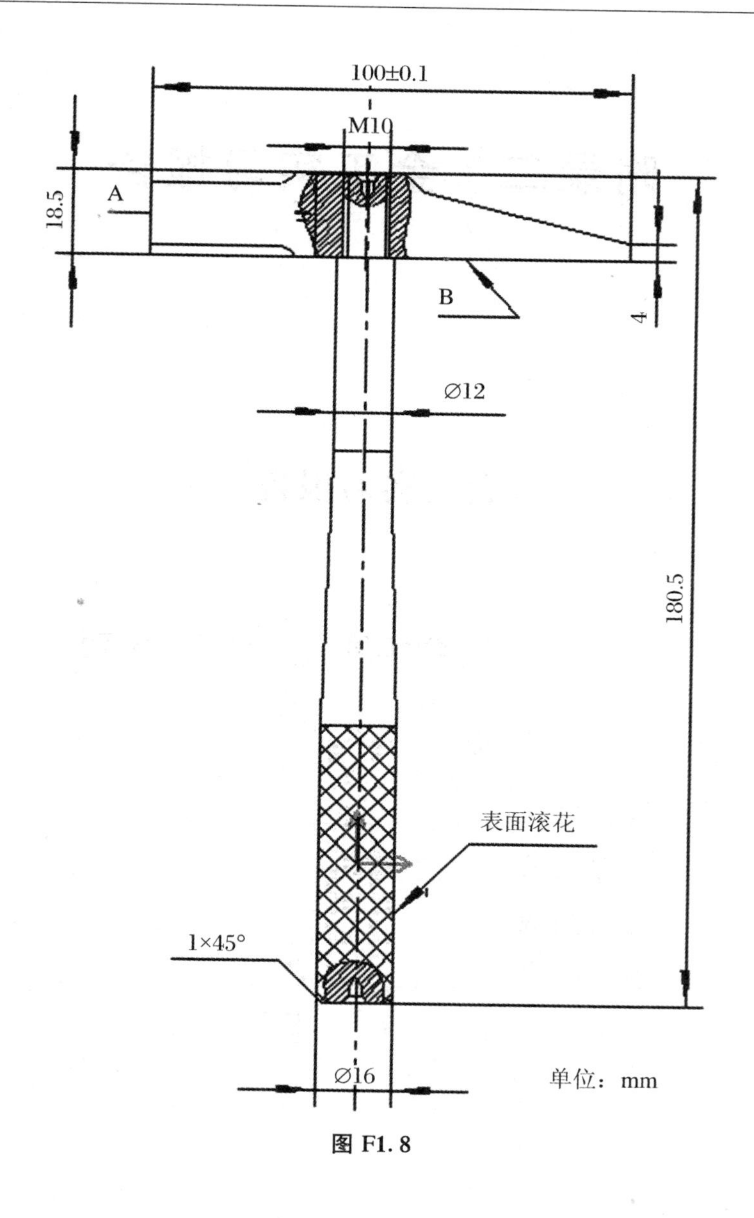

图 F1.8

附录二　金工实习报告

金工实习报告

________学年度________学期

学生学号：________________

学生姓名：________________

学生班级：________________

分 组 号：________________

实习时间段：　　月　　日至　　月　　日

工程训练中心

注 意 事 项

金工实习又叫金属加工工艺实习，是一门实践基础课，是机械类各专业学生学习工程材料及机械制造基础等课程必不可少的技术实践课，是非机械类有关专业教学计划中重要的实践教学环节。包括车工、铣工、铸造、特殊加工（线切割、激光加工）、数控车、数控铣、钳工等。它对于培养学生的动手能力有很大的意义，而且可以使学生了解传统的机械制造工艺和现代机械制造技术。

因此，要求每个学生做到：

一、每次实习前要认真预习，并在实验报告上填写实验目的和所用的实习设备。

二、实习中要遵守安全操作规程、爱护设备、仔细观察、认真记录数据。

三、在实习结束前，要将实习原始数据填入实习报告中，经实习指导老师签字认可后方可结束实习，离开场地。

四、实习后，要及时对实习数据和实习内容进行整理、分析，填写实习报告，交本班班长后统一交送机械工程学院工程训练中心老师处批阅。

实习一 车 工

综合成绩：__________ 指导教师：__________

一、选择

1. 用车削方法加工平面，主要适用于(　　)。
   A. 轴、套、盘类零件的端部　　B. 窄长的平面　　C. 不规则形状的平面
2. 切削用量三要素为(　　)。
   A. v, α_p, f　　B. v, α_c, f　　C. v, α_c, α_p
3. 车削端面时，车刀从工件的圆周表面向中心走刀，其切削速度(　　)。
   A. 不变　　B. 逐渐减少　　C. 逐渐增大
4. 车外圆时，带动溜板箱做进给运动的是(　　)。
   A. 丝杆　　B. 光杆　　C. 丝杆或光杆

二、填空

1. C6136 型普通车床的中心高为(　　)。
2. 你在实习中使用的车床主轴最低转速为(　　)，最高转速为(　　)，共有(　　)种转速。
3. 用车刀切削工件时，工件上形成的三个表面是(　　)、(　　)和(　　)。
4. 安装车刀时，刀尖应与工件的(　　)等高。
5. 90°偏刀主要用来车削(　　)轴类工件。
6. 在车床上安装工件所用的附件主要有(　　)、(　　)、(　　)和(　　)。
7. 在普通车床上可以完成(　　)、(　　)、(　　)、(　　)、(　　)、(　　)、(　　)、(　　)、(　　)和(　　)等加工工作。
8. 按编号将下图所示普通车床的主要组成部分名称和作用填入下表。

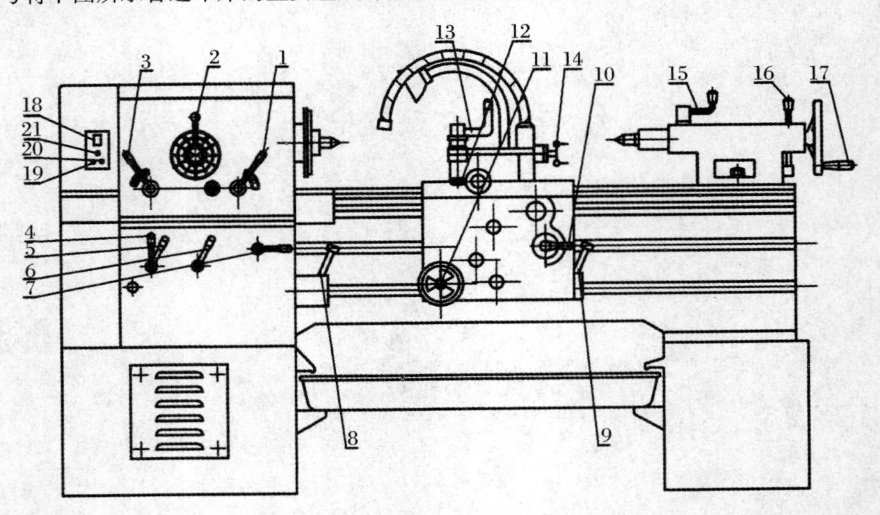

CA6136 各个操纵手柄用途

图上编号	名称及用途	图上编号	名称及用途
1		14	
2		15	
3		16	
4、5、6、7		17	
8,9		18	
10		19	
11		20	
12		21	
13			

三、问答

车刀切削部分的材料必须具备哪些性能？

实习二 铣 工

综合成绩:__________ 指导教师:__________

一、选择

1. 铣削水平面和垂直面应选用(　　)。
   A. 卧铣　　B. 立铣　　C. 卧铣或立铣
2. 带孔铣刀多用于(　　)。
   A. 卧室铣床　　B. 立式铣床　　C. 卧式铣床或立式铣床
3. 铣削加工时,主运动是(　　)。
   A. 工件的直线运动　　B. 铣刀的旋转运动　　C. 工件的垂直运动

二、填空

1. 铣削主要用于加工(　　)、(　　)、(　　)等。
2. 铣床的种类有(　　)、(　　)、(　　)等。
3. 因所用刀具的不同,平面的铣削方式可分为(　　)、(　　)两种。
4. 请在表中按数字填写出下图所示 X5032 铣床的各部分名称及用途。

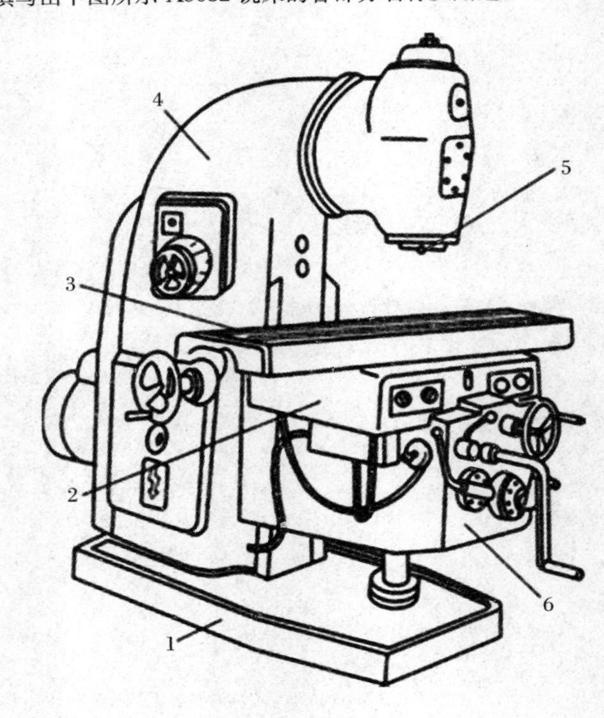

X5032 铣床

图上编号	名称及用途
1	
2	
3	
4	
5	
6	

三、问答

1. 分度头由哪几部分组成？分度头的功能有哪些？

2. 卧式铣床与立式铣床的主要区别是什么？

3. 带孔铣刀和带柄铣刀分别有哪些种类？

实习三 钳 工

综合成绩：__________ 指导教师：__________

一、选择

1. 齿条按齿距的大小可分为粗齿、中齿和细齿，粗齿锯条主要用于加工（ ），细齿锯条主要用于加工（ ）。

A. 铜铝等软金属及厚工件

B. 普通碳素钢、铸铁及中等厚度工件

C. 硬钢板料及薄壁管子

2. 锉削工件前，需选择锉刀，如粗加工或锉铜、铝等有色金属应选用（ ），精加工应选用（ ）。

A. 粗齿锉刀　B. 中齿锉刀　C. 细齿锉刀　D. 油光锉

3. 实习时所用的钻床是（ ）。

A. 摇臂钻床　B. 立式钻床　C. 台式钻床

4. （ ）用来加工工件的内螺纹；而（ ）用来加工工件的外螺纹。

A. 板牙或螺纹切头　B. 丝锥　C. 螺纹切头

5. 锯削时，起锯角度为（ ）。

A. 5°～10°　B. 10°～15°　C. 15°～30°

二、填空

1. 钳工一般是在钳台上以手工工具为主，对工件进行的各种加工方法。基本操作有（ ）、（ ）、（ ）、（ ）、（ ）、（ ）、（ ）、（ ）和（ ）。

2. 锉平面的方法主要有（ ）、（ ）和（ ），其中（ ）锉适合于较大平面的粗加工，（ ）锉适合最后精锉。

3. 钳工加工孔的方法主要有（ ）、（ ）和（ ），其中（ ）主要用于孔的精加工。

4. 手锯由（ ）和（ ）组成。

5. 按截面形状锉刀可分为（ ）、（ ）、（ ）、（ ）和圆锉。

三、问答

1. 什么是划线？划线的主要作用是什么？

2.为保证质量且防止钻头折断，钻孔时应采取哪些措施？

3.试述部件（产品）装配的要求以及拆卸的注意事项。

实习四 焊 工

综合成绩：__________ 指导教师：__________

一、选择

1. 气孔在一般焊接接头中是(　　)存在的缺陷。
   A. 允许　　B. 不允许　　C. 数量不多时允许
2. U形坡口面角度比V形坡口(　　)。
   A. 小　　B. 大　　C. 相等
3. 手工电弧焊时，收尾弧坑较大，易出现弧坑偏析现象，而引起(　　)。
   A. 弧坑裂纹　　B. 表面加渣　　C. 气孔
4. 电弧焊是利用(　　)作为热源的熔焊方法。
   A. 电弧　　B. 气体燃料火焰　　C. 化学反应热
5. 一般手工电弧焊接的焊接电弧中温度最高的是(　　)。
   A. 阳极区　　B. 阴极区　　C. 弧柱区
6. 熔化金属在凝固过程中因收缩而产生的残存在熔核中的孔穴叫(　　)。
   A. 气孔　　B. 加渣　　C. 缩孔

二、填空

1. 不同厚度钢板对接，进行环缝焊接时，应对厚板进行(　　)。
2. 焊接接头的基本形式可分(　　)、(　　)、(　　)和(　　)。
3. 焊接时常见的焊缝内部缺陷有(　　)、(　　)、(　　)、(　　)、(　　)和(　　)等。
4. 焊接电缆的常用长度不超过(　　)m。
5. 厚度较大的焊接件应选用直径(　　)的焊条。
6. 焊条直径的选择应考虑(　　)、(　　)、(　　)和(　　)。
7. 一般电弧焊接过程包括(　　)、(　　)和(　　)。

三、问答

1. 试述交流弧焊机的使用与维护应注意哪些事项。

2. 手弧焊时，电弧电压与电弧长度有何关系？

3. 手工电弧焊的工艺优缺点分别是什么？

实习五 砂型铸造

综合成绩:＿＿＿＿＿ 指导教师:＿＿＿＿＿

一、选择

1. 砂型铸造分为(　　)和(　　)。
   A. 手工造型　　B. 整模造型　　C. 机器造型　　D. 分模造型
2. 发动机曲轴的毛坯是(　　)。
   A. 模锻件　　B. 铸件　　C. 冲压件
3. 铸件的重要加工面不应放在浇注位置的(　　)。
   A. 上面　　B. 下面　　C. 侧面
4. 高压铸造常采用(　　)制造模底板。
   A. 铝合金　　B. 铸铁　　C. 铸钢
5. 配制树脂砂时,原砂的颗粒形状最好是(　　)。
   A. 尖角形　　B. 多角形　　C. 圆形

二、填空

1. 根据生产方法的不同,铸造方法可分为(　　)和(　　)两大类。

2. 制造砂型时,应用模样可以获得与零件外部轮廓相似的(　　),而铸件内部的孔腔则是由(　　)形成的。制造型芯的模样称为(　　)。

3. 为使模样容易从砂型中取出,型芯容易从芯盒中取出,在模样和芯盒上均应做出一定的(　　)。

4. 浇注系统是金属熔液注入铸型型腔时流经的(　　),它是由(　　)、(　　)、(　　)和(　　)组成。

5. 铸件常见的缺陷有(　　)、(　　)、(　　)、(　　)和(　　)等。

三、问答

1. 简述黏土湿砂型铸造的优点和缺点。

2. 简述冒口的作用。

实习六　金工实习综合分析

综合成绩：__________ 指导教师：__________

1. 试述实习件(手锤)的制作工艺过程。

2. 完成实习收获及体会(思想作风、操作技能、分析问题、解决问题能力等)一篇，不少于500字。

附录三　金工实习守则

1. 金工实习是工科高等院校工程技术基础训练的重要组成部分,也是培养计划中一个重要的实践性教学环节,为此,学生必须要明确实习目的,端正实习态度。

2. 通过实习向实践探索,向指导教师学习、培养动手能力,培养劳动观点和理论联系实际的思想作风及工作作风。

3. 通过实习,全面了解机器制造工艺过程及各种机器设备。从实践中掌握各种零件的加工方法。

4. 在实习中必须听从指导教师的指导,并准时到所规定的工种参加实习,未经允许不得随意离开实习岗位。

5. 实习时必须思想集中,严格遵守实训中心各项规章制度和安全技术操作规程,以防发生人身和设备事故。

6. 严格遵守学生实习考勤制度,不做与实习无关的事,比如:实习时不准聊天、串岗及阅读书、报、杂志等。

7. 实习操作前,必须按规定穿好工作服,女同学必须戴好防护帽。实习中不准穿拖鞋或高跟鞋。

8. 必须在指定的机器设备上进行实习。未经允许不得动用他人设备,更不准随意开动电闸及生产设备。

9. 要爱护机床设备、爱护工、夹、量具和刀具,做到正确使用、文明生产。对所用的机器设备应倍加爱护,小心使用,注意保养。实习后必须将机床、工具擦拭干净,交指导教师验收,并将实习场地打扫干净。

10. 认真做好交接班。发现问题及时向指导教师反映并做出处理,对于损坏设备或丢失工、夹、量具者,按情节轻重予以处理。

11. 实习中发生事故时,必须保护好现场,并及时请示报告。实习场地内防火安全设备不准随便动用。

参考文献

[1] 何淑梅,彭育强.金工实习指导书[M].北京:国防工业出版社,2011.

[2] 王俊勃.金工实习教程[M].北京:科学出版社,2009.

[3] 杨进德.金工实训[M].成都:西南交通大学出版社,2012.

[4] 柳成,刘顺心.金工实习[M].北京:冶金工业出版社,2012.

[5] 朱海燕.金工实习[M].天津:天津大学出版社,2009.

[6] 王飞.金工实训[M].北京:北京邮电大学出版社,2012.

[7] 李玉书.金工实习[M].北京:石油工业出版社,2010.

[8] 徐颖斌.金工实训指导[M].哈尔滨:哈尔滨工程大学出版社,2007.